ZEITSCHRIFT FÜR ANGEWANDTE GEOLOGIE

HERAUSGEGEBEN VON
DER STAATLICHEN GEOLOGISCHEN KOMMISSION
UND DER ZENTRALEN VORRATSKOMMISSION
DER DEUTSCHEN DEMOKRATISCHEN REPUBLIK

AUS DEM INHALT

AKADEMIE-VERLAG · BERLIN

BAND 9 / HEFT 10
OKTOBER 1963
SEITE 505—560

	INHALT	СОДЕРЖАНИЕ	CONTENTS	

Die ZEITSCHRIFT FÜR ANGEWANDTE GEOLOGIE berichtet ständig über folgende Arbeitsgebiete: Geologische Grundlagenforschung und Lagerstättenforschung / Methodik der geologischen Erkundung / Ökonomie und Planung der geologischen Erkundung / Technik der geologischen Erkundung / Geologie und Lagerstättenkunde im Ausland. In der Zeitschrift können alle strittigen Fragen der praktischen Geologie behandelt werden. Die Autoren übernehmen für ihre Aufsätze die übliche Verantwortung.

ZEITSCHRIFT FÜR ANGEWANDTE GEOLOGIE

KOLLEKTIVE CHEFREDAKTION

Dr. K. KAUTER (Redaktionssekretär)
Dr. F. STAMMBERGER
Dr. G. TISCHENDORF
Dipl.-Berging.-Geol. G. ZINDLER

BAND 9 · OKTOBER 1963 · HEFT 10

Vor neuen Aufgaben in der geologischen Erkundung

Seit der Gründung der Deutschen Demokratischen Republik sind nunmehr vierzehn Jahre vergangen. In dieser kurzen Zeit ist ein friedliebender, demokratischer deutscher Staat herangewachsen, der ein fester Bestandteil des weltweiten Lagers des Friedens und ein aktiver Kämpfer für eine friedliche Zukunft ganz Deutschlands ist. Dadurch hat sich die DDR die Achtung und Anerkennung aller friedliebenden Menschen erworben.

Die großen Ergebnisse beim Aufbau unserer Wirtschaft führten dazu, daß die DDR heute in der Welt zu den Ländern mit der höchsten Industrieproduktion zählt, obwohl wichtige Industriezweige völlig neuaufgebaut werden mußten.

Einen bedeutenden Aufschwung hat in den Jahren seit dem Bestehen der DDR auch die geologische Erkundungstätigkeit genommen. Aus einigen geologischen Dienststellen mit geringer Kapazität und ohne technische Basis wurde ein geordnetes System von geologischen Erkundungsbetrieben, Spezialbetrieben und Instituten unter der Leitung von Vereinigungen Volkseigener Betriebe aufgebaut. Damit sind Voraussetzungen geschaffen worden, die es ermöglichen, die an die geologische Erkundung gestellten Aufgaben zu erfüllen.

Der zielstrebige Ausbau der Vorratsbasis an mineralischen Rohstoffen ist für die schnelle Entwicklung der Volkswirtschaft der DDR von größter Bedeutung.

Auf dem VI. Parteitag der SED wurde daher beschlossen:

„Die Hauptaufgabe der Geologie besteht darin, die geologischen und geophysikalischen Erkundungsarbeiten auf die Untersuchung der tieferen geologischen Formationen zu richten.

Dabei kommt es im Zusammenhang mit der Entwicklung der Petrolchemie darauf an, die Erkundungsarbeiten auf Erdöl/Erdgas zu intensivieren und auf die höffigsten Gebiete zu konzentrieren.

Auf der Grundlage prognostischer Vorräte sind maximale Mengen industriell gewinnbarer Vorräte an Erdöl und Erdgas nachzuweisen und die Voraussetzungen für die schnelle Aufnahme der Förderung zu schaffen. Das erfordert die Orientierung aller zur Verfügung stehenden Kräfte auf diese Hauptaufgabe. Zugleich ist die Erkundung fester mineralischer Rohstoffe (Kalisalze, Braunkohle, Eisenerz, Rohstoffe für die keramische und Baustoffindustrie u. a.) und die Erkundung von Trink- und Brauchwasser zu sichern."

Besondere Bedeutung in der Arbeit der kommenden Jahre gewinnt neben der Erkundung solcher Rohstoffe wie Braunkohle und Kali die schnelle Entwicklung einer eigenen Erdöl-Erdgas-Förderung.

Es ist in den letzten Jahren gelungen, neue Lagerstätten wichtiger Rohstoffe aufzufinden und damit die planmäßige Entwicklung wichtiger Zweige der Volkswirtschaft zu sichern.

Mit selbstloser materieller und insbesondere personeller Unterstützung durch die Sowjetunion gelang es in dieser Zeit, die Erdölführung des Territoriums der DDR zu beweisen und damit den Grundstein für den Aufbau einer eigenen Erdölindustrie zu legen.

Die Erfahrungen auf diesem Gebiet zeigen, daß vor allem in der Anfangsperiode dazu große materielle Aufwendungen erforderlich sind und viele Schwierigkeiten verschiedener Art überwunden werden müssen.

Das Zentralkomitee der SED und die Regierung der DDR haben sich deshalb wiederholt mit dem Stand der Arbeiten bei der Erkundung mineralischer Rohstoffe beschäftigt und wichtige Maßnahmen festgelegt, die eine zielstrebige Verbesserung der Leitung der Erkundungsarbeiten und die Erhöhung ihrer Effektivität zum Inhalt haben.

Der Erste Sekretär des ZK der SED und Vorsitzende des Staatsrates der DDR, WALTER ULBRICHT, überzeugte sich persönlich vom Stand der Arbeiten in der Erdölerkundung und gab wertvolle Hinweise für die Lösung dieser komplizierten Aufgaben.

Die Arbeiter, Ingenieure und Wissenschaftler der Betriebe der Staatlichen Geologischen Kommission und insbesondere die Betriebe der VVB Erdöl—Erdgas sehen es als ihre erste Pflicht an, das von Partei und Regierung in sie gesetzte Vertrauen voll zu rechtfertigen und neue bedeutende Ergebnisse zu erzielen.

Neben den in den Beschlüssen des VI. Parteitags für die Geologie speziell festgelegten Aufgaben kommt es darauf an, die für die Entwicklung der gesamten Volkswirtschaft verbindlichen Festlegungen des Parteitags zu realisieren.

Die schnelle Steigerung der Arbeitsproduktivität durch die konsequente Durchsetzung des wissenschaftlich-technischen Fortschritts und die Nutzung aller vorhandenen Reserven, die Verbesserung der wissenschaftlichen Vorbereitung und Auswertung der geologischen Untersuchungsarbeiten, die Verringerung des materiellen und finanziellen Aufwands pro Tonne erkundeter Vorräte und pro Tonne geförderten Erdöls — all das gehört zu den Aufgaben, um deren Lösung heute in den Brigaden, Betriebsabteilungen und wissenschaftlichen Einrichtungen der Staatlichen Geologischen Kommission gekämpft wird.

Aus der dargelegten Situation heraus sind das volle Verständnis und die konsequente Durchsetzung des neuen ökonomischen Systems der Planung und Leitung der Volkswirtschaft in den Betrieben und VVB der Staatlichen Geologischen Kommission von besonderer Bedeutung für die Erreichung der vom VI. Parteitag gesteckten Ziele.

Die Ausgangsposition unseres Industriezweiges ist im Vergleich zu anderen Zweigen der Volkswirtschaft komplizierter. Dafür gibt es eine Reihe von Gründen:

1. Die in der Vergangenheit geduldete Auffassung über eine angeblich „besondere Rolle“ der Geologie in der Volkswirtschaft — verwechselt mit der Spezifik, die jeder andere Zweig der Volkswirtschaft auch besitzt — führte zu einer allgemein verbreiteten Auffassung, daß der volkswirtschaftliche Effekt der materiellen und finanziellen Aufwendungen in der Geologie keine dominierende Rolle spiele und daß es folglich normal sei, auch ohne diesen Nachweis beliebig Mittel verbrauchen zu können.

Die Auswirkungen dieser „Theorien“ sind auch heute noch nicht völlig überwunden und stellen ein wesentliches ideologisches Hindernis bei der Durchsetzung von wissenschaftlich begründeten, ökonomisch optimalen Erkundungskonzeptionen und der strengsten Sparsamkeit bei der technischen Durchführung der Untersuchungsarbeiten dar.

2. Resultierend aus dieser Auffassung wurden in der Vergangenheit keine entscheidenden theoretischen und praktischen Arbeiten zur ökonomischen Analyse der geologischen Erkundungsarbeiten und ihrer einzelnen Stadien sowie der dafür erforderlichen Arbeitsprozesse durchgeführt.

Die seit etwa zwei Jahren auf diesem Gebiet begonnenen Arbeiten konnten naturgemäß noch nicht zu einer befriedigenden Lösung führen, so daß auch heute noch wesentliche Fragen der ökonomischen Bewertung der geplanten Arbeiten und ihrer Ergebnisse nur empirisch gelöst werden können.

3. Im Vergleich zu anderen Industriezweigen gibt es in der Geologie eine Reihe von unbeeinflußbaren Faktoren, wie Größe und Lagerungsverhältnisse der Lagerstätten, ihr Inhalt und ihre Teufenlage usw., die eine wesentliche Rolle in der Beurteilung des ökonomischen Effekts der Arbeit der Betriebe spielen und auch die physischen Erkundungsleistungen beeinflussen.

Ihre Bedeutung für die Bewertung der Leistungen von Kollektiven und Betrieben ist theoretisch noch nicht definiert, sondern wird ebenfalls auf der Grundlage von Erfahrungswerten eingeschätzt.

Ferner kommt es darauf an, die Bedeutung der wichtigsten Kategorien der sozialistischen Produktion, wie Preis, Selbstkosten, Gewinn und Warenproduktion, in der Ökonomik der geologischen Erkundung zu klären und sie als ökonomische Hebel wirksam zu machen.

Bei der Preisbildung muß z. B. entschieden werden, wieweit die Aufwendungen für geologische Untersuchungsarbeiten in den einzelnen Erkundungsstadien den erkundeten mineralischen Vorräten zugerechnet werden können und bei Übergabe dieser Vorräte an die bergbautreibende Industrie zu aktivieren sind und über ihre Amortisation wieder zur Fondsbildung für die geologische Erkundung führen können.

Bei der Klärung der Rolle des Gewinns ist zu untersuchen, ob es möglich und sinnvoll ist, den Gewinn so festzusetzen, daß daraus eine Akkumulationsquelle zur Finanzierung der im Verhältnis zu den Erkundungskosten relativ hohen Investitionen wird.

4. In der Vergangenheit wurde die Entwicklung des vor allem für die Erdölindustrie erforderlichen Kadernachwuchses völlig unterschätzt, so daß auch heute noch akuter Mangel an qualifizierten Wissenschaftlern, Technikern und Ökonomen mit entsprechender Industriezweigerfahrung besteht.

Unter diesen Bedingungen bedarf es im Bereich der geologischen Betriebe weit größerer Anstrengungen, um das neue ökonomische System der Planung und Leitung der Volkswirtschaft entsprechend den Beschlüssen der Wirtschaftskonferenz voll durchzusetzen und ab 1. Januar 1964 die wirtschaftliche Rechnungsführung in den Betrieben und VVB zu sichern.

Dazu ist erforderlich, daß alle Angehörigen des Wirtschaftszweiges die Materialien der Wirtschaftskonferenz und die inzwischen erlassenen neuen gesetzlichen Bestimmungen intensiv studieren und sie voll verstehen.

Die Leiter der Betriebe haben die große Verantwortung, den Werktätigen diese Materialien zu erläutern und sie mit ihrem Inhalt vertraut zu machen, da ohne eine umfassende Initiative aller Angehörigen der Betriebe und Institute die vor der Geologie stehenden Aufgaben nicht gelöst werden können.

Walter Ulbricht führte dazu auf der Wirtschaftskonferenz aus:

„Wir müssen ein solches System der Planung und Leitung der Volkswirtschaft zur Anwendung bringen, das der Schöpferkraft des Volkes, die aus der vollständigen Übereinstimmung der gesellschaftlichen Erfordernisse mit den materiellen Interessen der einzelnen Werktätigen, der Brigaden, Gruppen und Betriebskollektive entspringt, freie Bahn schafft.“

Zur Durchsetzung der wirtschaftlichen Rechnungsführung ist die Schaffung und Anwendung eines in sich geschlossenen Systems ökonomischer Hebel erforderlich. Bereits in der Zeit seit Ende 1962 sind dazu eine Reihe von Voraussetzungen auf planmethodischem, finanzwirtschaftlichem und arbeitsökonomischem Gebiet geschaffen worden. Es kommt jetzt jedoch darauf an, das ökonomische Interesse der Betriebe an der Erfüllung der in der geologischen Tätigkeit entscheidenden Ergebnisse, nämlich an der Fündigkeit von Erdöl- und Erdgassonden, am Zuwachs von Vorräten mineralischer Rohstoffe, an der Erhöhung der Erdöl- und Erdgasförderung, so zu stimulieren, daß alle Kräfte des Betriebes auf die beste wissenschaftliche Vorbereitung und einwandfreie Durchführung und eine kurzfristige und hochqualifizierte Auswertung der Untersuchungsarbeiten mit anschließender Übergabe von Vorräten orientiert werden. Es versteht sich von selbst, daß dabei die Senkung der Selbstkosten und die Verringerung des Zeitaufwandes für die einzelnen Etappen der Untersuchungsarbeiten eine wichtige Rolle spielen.

Da in unserer sozialistischen Gesellschaftsordnung das persönliche Interesse vom gesellschaftlichen Interesse nicht zu trennen ist, müssen solche Formen der Entlohnung für die Werktätigen und die Leiter der Brigaden, Abteilungen, Betriebe und VVB geschaffen werden, die auf die Erhöhung der Effektivität der geologischen Arbeiten, auf die Steigerung der Arbeitsproduktivität, auf die rechtzeitige und qualifizierte wissenschaftliche Vorbereitung und Auswertung der Untersuchungsarbeiten, auf die Senkung der Stillstands- und Wartezeiten orientieren.

Entsprechend den Erfahrungen anderer Industriezweige sollten dabei zwei bis drei der wichtigsten, von den betreffenden Brigaden oder leitenden Mitarbeitern direkt zu beeinflussende Kennziffern sowie einige wenige weitere Kennziffern zugrunde gelegt werden, die von der Leistung der jeweiligen Kollektive oder Personen mit abhängen.

Eine der wesentlichsten Voraussetzungen dafür ist, das System der Kennziffern, nach denen die Bewertung zu erfolgen hat, auf ein qualitativ höheres Niveau zu heben.

Es gilt insbesondere, die Erfahrungen der besten Kollektive und Betriebe zu verallgemeinern und die erreichten Bestwerte in der Produktion in allen gleichgearteten Betriebspunkten durchzusetzen. Gleichzeitig setzt der Kampf um die Nutzung der Reserven zur schnellen Heranführung der Leistungen an die der fortgeschrittensten Erdölländer, die konsequente Organisation der Erkundungstätigkeit nach dem Produktionsprinzip große Anstrengungen zur Durchsetzung einer strengen Produktionsdisziplin und einer umfassenden Qualifizierung der Brigaden und Leiter voraus.

Diese für den Wirtschaftszweig der Geologie unumgänglich notwendige schnelle Vorwärtsentwicklung erfordert die bewußte Anwendung der Neuen Technik und der Ergebnisse der Forschungstätigkeit und wird durch das neue ökonomische System materiell beeinflußt.

Von großer Wichtigkeit ist das Verständnis dafür, daß die Durchsetzung der wirtschaftlichen Rechnungsführung kein einmaliger Verwaltungsakt sein kann, sondern ein Prozeß in der Entwicklung der sozialistischen Produktionsverhältnisse im Bereich der geologischen Erkundung.

Deshalb ist auch nach dem 1. Januar 1964 an der weiteren Vervollkommnung des Systems ökonomischer Hebel in den Betrieben ständig zu arbeiten und der Wirkungsgrad der VVB als ökonomisches Führungsorgan weiter zu erhöhen.

Für die Erfüllung der vor den Angehörigen der Betriebe und Institute der Staatlichen Geologischen Kommission stehenden großen Aufgaben sind alle wissenschaftlichen und materiellen Voraussetzungen vorhanden.

Setzen wir also alle uns zur Verfügung stehenden Kräfte voll ein, um mit der Durchsetzung des neuen ökonomischen Systems der Planung und Leitung der Volkswirtschaft im Bereich der geologischen Erkundung den für unseren Wirtschaftszweig durch die Sozialistische Einheitspartei Deutschlands und die Regierung der Deutschen Demokratischen Republik festgelegten Beitrag zur weiteren Stärkung unserer Republik voll zu realisieren.

Gerhard Zindler
Leiter der
STAATLICHEN GEOLOGISCHEN
KOMMISSION

Fazielle Probleme des Kupferschiefers von Spremberg–Weißwasser[1]

Johannes Rentzsch & Maria Langer, Berlin
(Mitteilung aus dem Zentralen Geologischen Institut, Berlin)

1. Einleitung

Es gilt als Ziel einer kombinierten erzmikroskopisch-geochemischen Untersuchung des Kupferschiefers, bestimmte Metall- und Erzmineralfaziesbereiche zu unterscheiden und festzulegen, wobei das Hauptaugenmerk auf die Begrenzung der wirtschaftlich bedeutenden Kupferfazies gerichtet wird.

Es ist zu untersuchen, ob die ökonomisch bedeutenden Metallanreicherungen an bestimmte petrographische und geochemische Faziesbereiche geknüpft sind. Die allgemeine Kenntnis von der Verteilung der verschiedenen Erzfaziestypen ermöglicht es, in einem bestimmten Verbreitungsgebiet die Lagerstättenhöffigkeit des Kupferschiefers prognostisch zu bewerten. Mit der vorliegenden Arbeit wird versucht, das Maß der Beeinflussung der Metallverteilung im Kupferschiefer von Spremberg–Weißwasser durch verschiedene fazielle Faktoren darzustellen und damit einige allgemeine Kriterien für die Verbreitung bestimmter Erzfaziesbereiche zu erarbeiten.

Zu diesem Zwecke wurden von 48 der im Objekt Spremberg–Weißwasser niedergebrachten Bohrungen die Gehalte der Elemente Cu, Pb, Zn, Ag, Co, Ni, V und Mo im Sanderz, im Kupferschieferflöz und in dessen unmittelbar Hangendem graphisch dargestellt und in Profilen und Karten ausgewertet. Die Ergebnisse der erzmikroskopischen Untersuchung von 25 Kupferschieferflözkernen sind in die Auswertung ebenfalls einbezogen.

2. Petrographische Ausbildung des Kupferschiefers — Gesetzmäßigkeiten der Cu-Pb-Zn-Führung

Schon Richter (1941) gelangte zu der Überzeugung, daß im allgemeinen kein Zusammenhang zwischen der petrographischen Ausbildung des Kupferschiefers und seiner Vererzung besteht.

Die Geologen des Objekts Weißwasser wiesen nach, daß der Kupferschiefer hier nicht in „Mansfelder Fazies" vorliegt, sondern in 5 Zonen (α, β, γ, δ, ε) gegliedert werden kann (Franz & Rusitzka 1963). Dabei zeichnen sich die Zonen α, γ und ε durch Tonmineralvormacht und die Zonen β und δ durch Karbonatvormacht aus. Die petrographischen Untersuchungen von Siegert, Tzschorn & Winkler (1963) bestätigen diese

[1]) Eingang des Manuskripts in der Redaktion: 28. 5. 1963

Zoneneinteilung und ergänzen sie sogar noch, da auf einen tonmergeligen Bereich in der Mitte der Zone δ hingewiesen wird. Die weiter unten beschriebenen geochemischen Untersuchungen deuten darauf hin, daß diese tonmergelige Lage in der Zone δ vor allem in dem Profil Bohrung 34—96 am NE-Rand der Struktur Mulkwitz nachzuweisen ist. Der Karbonatanteil des Kupferschiefers schwankt in seinen Calcit-Dolomit-Verhältnissen in weiten Grenzen. Es treten sowohl fast rein kalkige als auch fast rein dolomitische Karbonatanteile auf. Ebenso schwanken die Verhältnisse von Karbonatanteil zu Tonmineral- und Detritusanteil im Flöz sehr stark. Einzelheiten werden in diesem Zusammenhang nicht berichtet, da diese Untersuchungen noch fortgeführt werden. Es ist klar ersichtlich, daß das Spezifische der chemischen Zusammensetzung des Flözes gegenüber dem unmittelbar Hangenden nur der erhöhte Gehalt an organischem Kohlenstoff und Sulfiden ist. Im Flöz sind also von tonigen Karbonatgesteinen bis zu Mergel- und Tonmergelgesteinen alle Gesteinstypen vertreten.

Weder die Cu- noch die Pb–Zn-Führung ist ausschließlich an einen dieser Gesteinstypen geknüpft. Die Erzführung ist nicht einmal auf das Flöz beschränkt. Sie ist sowohl in den liegenden fein- bis grobklastischen Sedimenten der Zechsteinbasis als auch in den hangenden Mergeln und Kalken (bis Dolomiten) des Zechsteinkalks vorhanden. Für die Metallführung ist es unwesentlich, ob das Flöz kalkig oder dolomitisch ausgebildet ist. Zum Beispiel zeigt das Flöz der Bohrung 75 eine dolomitische Ausbildung, während das dem gleichen Kupferfeld angehörende Flöz der Bohrungen 86 T und 88 kalkig vorliegt. Lediglich die Porosität der Liegendgesteine kann auf das Ausmaß einer Sanderzbildung Einfluß haben. Als Ursache der Sanderzbildung kann sie jedenfalls nicht angesehen werden. Auf keinen Fall sind Cu-Sanderze und Pb–Zn-Sanderze an bestimmte Gesteinstypen der klastischen Sedimente geknüpft. Für die Flözvererzungen kann lediglich gesagt werden, daß mit Ausnahmen die Zonen α, γ und ε (mit Tonmineralvormacht) buntmetallreicher als die Zonen β und δ (mit Karbonatvormacht) sind. Es zeigt sich, daß auch im Bereich des Objekts Weißwasser kein direkter Zusammenhang zwischen der petrographischen Ausbildung des Flözes und dem Auftreten einer Cu-Vererzung besteht.

3. Geochemische Fazies des Kupferschiefers und Gesetzmäßigkeiten der Cu-Pb-Zn-Führung

Der Kupferschiefer ist als ein typisches Sediment der Sapropelfazies bekannt. Für solche Sedimente sind hohe oder erhöhte Gehalte an organischem Kohlenstoff, V, Mo, Ni u. a. charakteristisch. In sapropelitischen Sedimenten sind die V/Ni-Verhältnisse > 1. Das ist auch im hier untersuchten Kupferschiefer im allgemeinen der Fall.

Im normalen, unbeeinflußten Flöz verlaufen die Gehalte der Elemente C_{org}, V, Mo und Ni einander parallel und diese wiederum dem Tonanteil des Gesteins. Das heißt, daß in den Zonen α, γ und ε C_{org}-, V-, Mo- und Ni-Maxima auftreten. Am eindeutigsten gehen die V-Gehalte dem Tonanteil der Flözlagen parallel. Das ermöglicht eine Zoneneinteilung des Flözes auf geochemischer Grundlage. Die von WINKLER getroffene

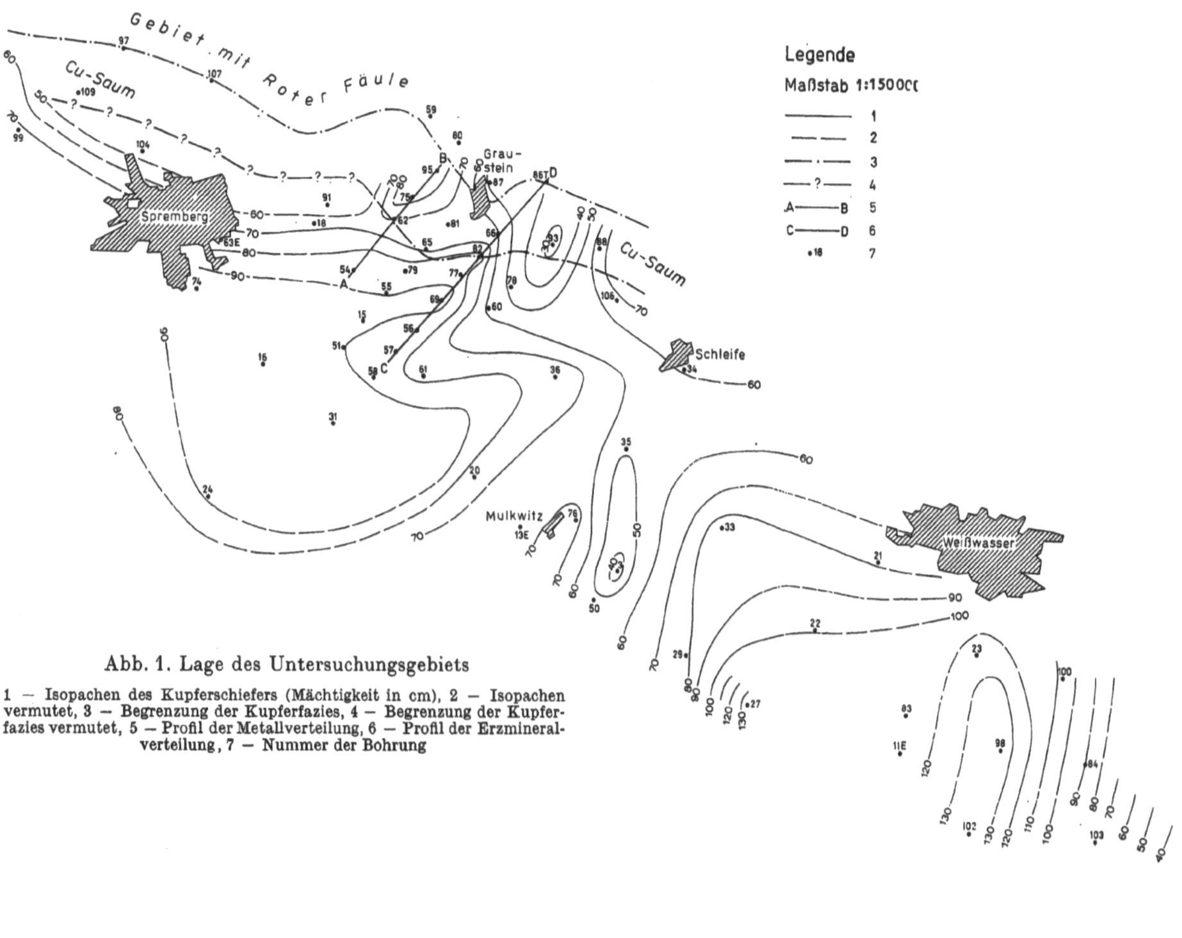

Abb. 1. Lage des Untersuchungsgebiets

1 — Isopachen des Kupferschiefers (Mächtigkeit in cm), 2 — Isopachen vermutet, 3 — Begrenzung der Kupferfazies, 4 — Begrenzung der Kupferfazies vermutet, 5 — Profil der Metallverteilung, 6 — Profil der Erzmineralverteilung, 7 — Nummer der Bohrung

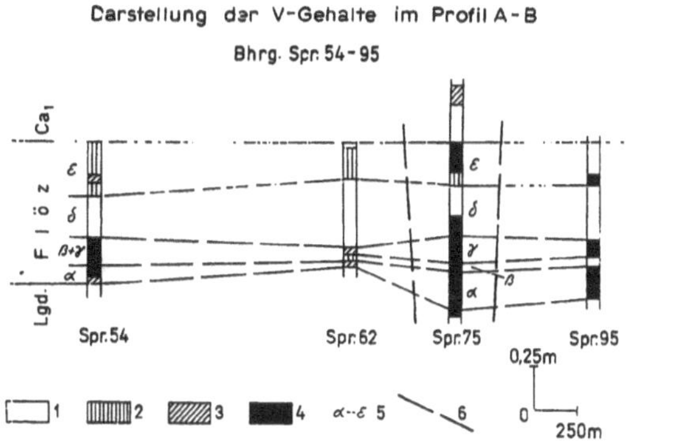

Abb. 2. Darstellung der V-Gehalte im Profil A—B (Bohrungen Spr. 54—95)

1 — bis 0,2 kg/t, 2 — 0,2—0,4 kg/t, 3 — 0,4—0,7 kg/t, 4 — über 0,7 kg/t, 5 — Flözzonen, 6 — geophysikalisch nachgewiesene und vermutete Störungen

Zoneneinteilung konnte dadurch einwandfrei bestätigt werden. Die Unterteilung anhand der V-Gehalte dürfte in Zweifelsfällen eindeutiger sein als die sehr schwierige Ansprache der Zonen bei makroskopischer Betrachtung. Eine Zonengliederung des Flözes nach den V-Gehalten wurde u. a. für das Profil A—B der Bohrung 54—95 (Abb. 1 und 2) durchgeführt. Die weiter oben erwähnte tonmergelige Lage in der Zone δ konnte ebenfalls an den erhöhten V-Gehalten erkannt werden. Während in den Zonen α, γ und ε maximale V-Gehalte von etwa 0,5% erreicht werden, treten in den Zonen β und δ V-Minima auf. Die Gehalte schwanken in den meisten Fällen um 0,01%.

Im NW-Teil der Struktur läßt sich die Zonengliederung einwandfrei durchführen, während nach SE zu die Verhältnisse vor allem durch das stärkere Hervortreten der tonmergeligen Lage in der Zone δ weniger eindeutig werden. In den südöstlichsten Bohrungen kann im Flöz ein deutlicher petrographischer Fazieswechsel anhand der V-Gehalte nachgewiesen werden. Das Flöz ähnelt dort mehr den Wechsellagerungen von Kalken und Mergeln, wie sie als „Gröditzer Fazies" bekannt geworden sind. Chemische und petrographische Untersuchungen an diesen Kernen werden die dortigen Verhältnisse noch klären.

Nur die obersten Zentimeter des Sanderzes weisen erhöhte V-Gehalte von $> 0{,}01\%$ auf. Im Zechsteinkalk konnten V-Gehalte von $\geqq 0{,}01\%$ nur in besonders mergeligen Schichten nachgewiesen werden.

Bisher wurde der C_{org}-Gehalt an sechs Flözkernen bestimmt. Es ergibt sich daraus, daß hier kein Zusammenhang zwischen hohen Cu-Gehalten und Flözkernen mit hohen C_{org}-Gehalten besteht. In der in reiner Cu-Fazies stehenden Bohrung 66 liegt der höchste C_{org}-Wert bei 3,0% und in der ebenfalls in Cu-Fazies stehenden Bohrung 75 bei 9,3%. In den in Pb–Zn-Fazies befindlichen Bohrungen 76 und 60 liegen die C_{org}-Maxima einzelner Flözlagen bei 14,9% bzw. 11,7%. Aus diesen Ergebnissen kann man jedoch auch keineswegs den Schluß ableiten, daß etwa die Pb–Zn-Fazies an Bereiche mit hohen C_{org}-Gehalten im Flöz geknüpft ist.

In Übereinstimmung mit KNITZSCHKE (1961) kann festgestellt werden, daß hohe Co-Gehalte (bis 0,1%) immer an Cu-Maxima gebunden sind. Das gleiche ist beim Silber der Fall. Der Ag-Gehalt kann in einzelnen Cu-reichen Flözlagen maximal 0,02% erreichen. Der Durchschnittsgehalt des gesamten Flözes ist in jedem Fall $< 0{,}01\%$, in den meisten Fällen sogar $< 0{,}001\%$. Das Verhalten des Ni ist nicht eindeutig. Es kann jedoch eine Angabe über eine der möglichen Bindungsarten dieses Spurenelementes gemacht werden, denn in der Bohrung 24 ist Ni im Flöz an das Mineral Bravoit gebunden.

Es besteht kein Zusammenhang zwischen den Bereichen hoher Cu-Führung und bestimmten C_{org}-, Mo- und Ni-Gehalten des Flözes. Da diese Elemente die geochemische Fazies des Sediments mitbestimmen, kann gesagt werden, daß kein unmittelbarer Zusammenhang zwischen Zonen reicher Cu-Führung und der primären ungestörten geochemischen Fazies des Kupferschiefers von Spremberg–Weißwasser besteht. Besonders deutlich zeigt sich das im Kupferfeld von Graustein, wo zum Teil (Bohrung 62 und 65) die Hauptmenge des Kupfers im Sanderz, das extrem C_{org}-, V-, Mo- und Ni-arm ist, konzentriert liegt, während das Flöz bereits Pb- und Zn-reich ist. In anderen Bohrungen (66, 86 T u. a.) sind die tiefsten Flözlagen Cu-frei, während sie maximale V- und Mo-Gehalte enthalten. Eine Ausnahme macht hier lediglich C_{org}, der mit dem Kupfer zusammen in höheren Flözlagen sein Maximum erreicht. In diesen Bohrungen oder in ihrer Nähe sind Gesteine mit sogenannter Rotfäulefazies erbohrt worden. Diese Rotfäulefazies übt offensichtlich einen entscheidenden Einfluß auf die Verteilung der Buntmetalle und des organischen Kohlenstoffs in der Lagerstätte aus, so daß ihrer Behandlung breiter Raum geschenkt werden muß.

4. Die Rotfäulefazies und ihre Einwirkung auf die Metall- und Erzverteilung

GILLITZER (1936) und KAUTZSCH (1958 u. a. O.) deuten die Rote Fäule als eine Muldenfazies, die an Zuflüsse sauerstoffreicher Wässer geknüpft ist. Die Buntmetallführung soll durch das Gebiet der heutigen Rotfäulezone erfolgt sein. RICHTER (1947) und STEINBRECHER (1959) nehmen an, daß es sich um eine Schwellenfazies handelt. Letzterer ist der Meinung, daß auf der Schwelle während der Zechsteinkalksedimentation auf Grund von Oberflächennähe und Wasserbewegung Verbindungen des dreiwertigen Eisens gefällt wurden. Dabei gelangte auch der darunterliegende Kupferschiefer, der diagenetisch noch nicht völlig verfestigt war, in den Bereich oxydierender Einflüsse, die bis ins Grauliegende hinabreichen können. STEINBRECHER nimmt dann Lösungsmigration des Metallinhalts der Rotfäulegebiete in Form von Buntmetallsulfaten oder Sulfiten und Ausfällung des Metallinhalts außerhalb der Grenzen des vertaubten Rotfäulegebiets im H_2S-Milieu an. Das diagonale Durchsetzen der Rotfäulegrenze durch das Sediment deutet er als an und für sich horizontale Bildung an den Flanken einer Schwelle. Den großen Umfang der Cu-Vererzung im Zechsteinkalk leitet er von epirogenen Senkungen ab, auf Grund deren sich der Fällungsbereich der Metallsulfide immer weiter nach dem Hangenden zu verschiebt. Diese Vererzung am Rand der Roten Fäule deutet er als sekundäre (syndiagenetische) Bildung, wodurch die primäre Metallverteilung im Kupferschiefer im kleinen Bereich praktisch vollkommen verwischt wird. Die Deutung des Cu-Saums an der Roten Fäule als syndiagenetische Bildung erscheint am wichtigsten.

Die Annahme, daß die Rote Fäule eine Schwellenfazies darstellt, ist, wie schon JUNG (1960) feststellt, bis jetzt rein hypothetisch. Die von REMUS nachgewiesenen Häufungen von Korallen im Dachklotz am Rand der Roten Fäule sprechen zumindest für eine teilweise primäre Bildung der Roten Fäule. Sehr wichtig sind auch die erzmikroskopischen Beobachtungen von

KNAUER, der in Südbrandenburg in einer Bohrung (Dahme 2) im Cu-Saum am Rande der Roten Fäule wahrscheinlich aus Bornit entstandenen Idait und in Magnetit umgewandelten Pyrit fand. In Flözkernen mit reiner Rotfäulefazies (Dahme 3, Luckau 1 und Schlieben 2 E) wies er Hämatitpseudomorphosen nach Pyrit nach. Für dieses Gebiet müssen die Verf. eine sekundäre syndiagenetische Bildung der Roten Fäule mit ihrem Cu-Saum aus einem sapropelitischen Sediment mit primär sedimentärer Metallverteilung annehmen.

Die Rotfäulefazies und ihre Einwirkung auf die Metallverteilung in der Kupferschieferlagerstätte (Hangendvererzung — Sanderzproblem)

Nachdem im NE des Kupferfeldes von Graustein die Bohrungen 59, 80, 86 T und 87 im Kupferschieferflöz teilweise oder ganz Rotfäulefazies erbracht hatten, verwendeten die Geologen des Objekts Weißwasser mit bestem Erfolg den Rand der Roten Fäule, für den sie ein herzynisches Generalstreichen annahmen, als Erkundungskriterium für Cu-reiche Schiefer. Da der Rand der Rotfäulefazies fast parallel zur Achse der Struktur Mulkwitz streicht, erschien es erfolgversprechend, die fast senkrecht auf dem Rotfäulerand stehenden SW–NE-Bohrprofile auf Gesetzmäßigkeiten der Metallführung zu untersuchen.

In der eigentlichen Rotfäulefazies (Bohrung 87) liegen die Cu-, Pb- und Zn-Gehalte sowohl im Flöz als auch in den liegenden Partien des Zechsteinkalks unter 1 kg/t. Im Randbereich der Rotfäulefazies können im Zechsteinkalk erhebliche Cu-Mengen, wie z. B. in der Bohrung 59 auf 76,5 cm Mächtigkeit > 10 kg/m^2 Cu, auftreten. Im gesamten Bereich des sich nach SW zu anschließenden Cu-Saums schiebt sich die Rotfäulefazies keilförmig in die liegenden Flözpartien oder unter das Flöz in die liegenden klastischen Sedimente ein.

Wie im folgenden nachgewiesen wird, hängt die Breite des Cu-Saums von der Eindringtiefe der Rotfäulefazies unter das Flöz ab. Am einfachsten liegen die Verhältnisse im Profil Bohrung 95—54 (A–B) (Abb. 3). In der Bohrung 95 setzt eine erhöhte Cu-Führung (> 10 kg/t) ca. 62 cm oberhalb der Flözunterkante in der Flözzone ε ein und reicht mit einer Mächtigkeit von etwa 1 m etwa 80 cm in den hangenden Zechsteinkalk hinein. Die Pb- und Zn-Gehalte liegen im Flöz und in den untersuchten Hangendpartien durchschnittlich unter 1 kg/t. Die Ag-Gehalte (im Cu-reichen Lagerstättenteil 10—70 g/t) verlaufen den Cu-Gehalten parallel, während V auch hier in den tonmineralreichen Flözzonen α, γ und ε angereichert ist. In der ca. 0,8 km südwestwärts stehenden Bohrung 75 ist in den liegenden Sandsteinen eine geringe Braunfleckung als Zeichen einer Rotfäulefazies vorhanden. Die über 10 kg/t liegende Cu-Vererzung setzt 9 cm über der Flözunterkante in der Flözzone α ein und reicht bis zur Flözoberkante. Die Pb- und Zn-Gehalte liegen auch hier unter 1 kg/t. Die über 10 kg/t liegende Kupfervererzung tritt in der 0,6 km südwestlich der Bohrung 75 befindlichen Bohrung 62, soweit bis jetzt bekannt, in einer Mächtigkeit von ca. 1,45 m zwischen 1,38 m unterhalb der Flözunterkante bis 6,5 cm oberhalb Flözunterkante (Flözzone β) auf. Über der Cu-Vererzung setzt eine Pb–Zn-Vererzung ein, die bis zur Flözoberkante reicht. Unter Hinzuziehung der reichen Sanderze zum Cu-Saum erreicht dieser im beschriebenen Profil eine Breite von

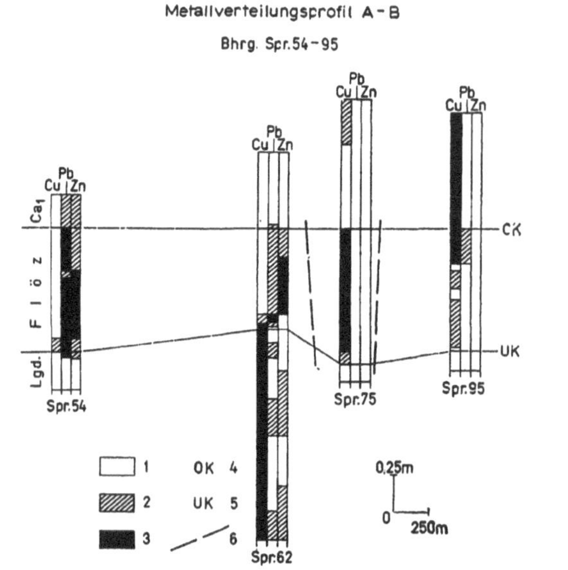

Abb. 3. Metallverteilungsprofil A—B (Bohrung Spr. 54—95)

1 — bis 1 kg/t, 2 — 1—5 kg/t, 3 — über 5 kg/t, 4 — Oberkante Flöz, 5 — Unterkante Flöz, 6 — geophysikalisch nachgewiesene und vermutete Störungen

ca. 1,5 km. Die 1,5 km südwestlich der Bohrung 62 befindliche Bohrung 54 ist eine reine Pb–Zn-Bohrung, in der die geringen Cu-Gehalte an der Flözunterkante liegen.

Aus dem bisher Gesagten kann folgendes abgeleitet werden: Die hochhaltigen Cu-Erze des Cu-Saums lagern auf der keilförmig in die liegenden Flözpartien und die liegenden klastischen Sedimente sich einschiebenden Rotfäulefazies. Der Bereich hoher Cu-Gehalte kommt aus den liegenden Partien des Zechsteinkalks, durchschneidet das Kupferschieferflöz diagonal und taucht in die liegenden Sedimente ab. Da sich am Rand des Cu-Saums eine Zone hoher Pb-Gehalte befindet, treten dort, wo die Cu-Vererzung ins Liegende abtaucht oder in ihm auskeilt, örtlich Pb- oder Pb–Zn-Sanderze auf, die jedoch meist nicht hochhaltig sind. In dem sich dem Cu-Saum anschließenden 'Pb–Zn-Feld' pendeln die geringmächtigen Bereiche erhöhter Cu-Gehalte um die Flözunterkante. Die durchschnittliche Breite des Cu-Saums beträgt 1,5 km. Es werden jedoch maximal 2 km Breite erreicht.

Davon ausgehend kann man die ungefähre Entfernung mehrerer Bohrungen vom Innenrand des Cu-Saums abschätzen. Die Bohrung 104 dürfte auf Grund ihres Pb-Reichtums und des erhöhten Cu-Gehaltes in den hangenden Zentimetern des Sanderzes nur ca. 500 m südwestlich vom Innenrand des Cu-Saums entfernt liegen. Die Bohrung 34 besitzt ein 20 cm mächtiges reiches Pb-Sanderz und darunter eine ca. 1,5 m mächtige Zone erhöhter Cu-Gehalte (bis 9 kg/t). Sie wird deshalb nicht weiter als 200 m vom Innenrand des Cu-Saums entfernt liegen. Die Bohrungen 32, 21, 23 und 100 zeigen ähnliche Pb-Sanderze und zum Teil auch erhöhte Cu-Gehalte im Sanderz, so daß man annehmen muß, daß von der Bohrung 34 ausgehend der Innenrand des Cu-Saums etwa parallel zu dem NW–SE-Profil Bohrung 34—100 verläuft. Der Außenrand des Cu-Saums gegen das Gebiet mit Rotfäulefazies läßt sich hingegen nur sehr schwer bestimmen, da man nicht weiß, ob die Rotfäulefazies sehr weit das Flöz unterwandert oder nicht. Prinzipiell dürfte der Außenrand der Rotfäulefazies und damit des Cu-Saums immer mehr oder minder gebuchtet sein.

Im Bereich der Bohrungen 15, 51 und 31 wurde offensichtlich die Metallverteilung in einem primär schon etwas Cu-angereicherten Flözbereich durch tektonische Einflüsse überprägt. Wirtschaftliche Bedeutung besitzt dieser Flözbereich jedoch nicht.

Kurz sei noch etwas zum Verhalten der Spurenelemente V, Mo, Co, Ni und Ag im Einflußbereich der Rotfäulefazies gesagt. V, Mo und im allgemeinen auch Ni bleiben im Cu-Saum, der ja ein Übergangsgebiet zur Rotfäulefazies darstellt, in den Flözlagen α, γ und ε angereichert, auch wenn die Cu-Vererzung schon etwas angehoben ist. Co hat seine Maximalgehalte immer in den Cu-Maxima innerhalb des Flözes. Erhöhte V-, Mo-, Co- und Ni-Gehalte im Sanderz treten grundsätzlich nur unmittelbar unter der Flözunterkante auf. Ag wandert als einziges der erwähnten Elemente mit dem Cu zusammen ins Hangende und auch in die liegenden Sanderze. Ag ist auch hier zumindest zum Teil an ged. Silber geknüpft.

Die Abhängigkeit der Erzmineralverteilung vom Auftreten einer Rotfäulefazies

Im Kupferschiefer von Spremberg–Weißwasser konnten durch die bisherigen erzmikroskopischen Untersuchungen folgende Erzminerale nachgewiesen werden (LANGER 1963):

Cu: Bornit, Chalkopyrit, Chalkosin, Neodigenit, Covellin, Idait und Tennantit
Ag: Ged. Silber
Pb: Galenit. Sekundär: Anglesit, Cerussit
Zn: Sphalerit

Außerdem treten reichlich Pyrit und Markasit und selten Bravoit auf.

Die Erzmineralverteilung in der Kupferschieferlagerstätte paßt sich den Gesetzmäßigkeiten der Metallverteilung, die weiter oben abgeleitet wurden, sehr gut an. Es bestehen gesetzmäßige Beziehungen zwischen dem Auftreten bestimmter Erzmineralparagenesen und dem Vorhandensein einer Rotfäulefazies. Wie man (Abb. 4) ersehen kann, tritt im Kupferfeld von Graustein im Cu-Saum am Rande der Rotfäulefazies eine Chalkosin-Bornit-Paragenese im Flöz auf. Der in diesen Flözteilen vorhandene Chalkopyrit ist in den meisten Fällen sekundärer Entstehung. Im zugehörigen Sanderz ist die Chalkosin-Bornit-Paragenese nur selten vorhanden (Bohrung 82). Es überwiegt hier eine Chalkopyrit-Bornit-Paragenese, wobei ein großer Teil des Chalkopyrits „primärer" Entstehung ist. An der Grenze Cu-Saum/Pb–Zn-Feld geht die Bornitmenge im Sanderz und Flöz rapide zurück, und es überwiegt immer mehr primärer Chalkopyrit, der, von den Hauptmineralen Sphalerit und Bornit abgesehen, das charakteristische Cu-Mineral der Pb–Zn-Fazies des Kupferschiefers darstellt. Chalkosin konnte außerhalb des Cu-Saums nur in der Bohrung 36 in der geringfügigen Cu-Vererzung an der Flözbasis beobachtet werden. Bornit ist in der Umgebung der bereits oben erwähnten Bohrung 15 häufiger verbreitet.

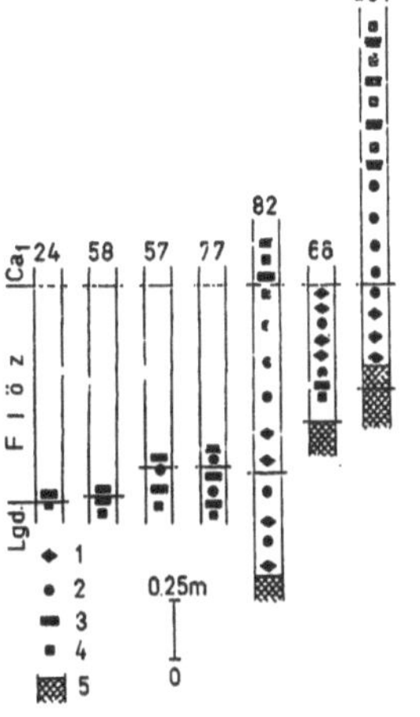

Abb. 4. Kupfermineralverteilung im Profil C–D (Bohrung Spr. 86 T–57 bzw. 24)

1 – Chalkosin, 2 – Bornit, 3 – Chalkopyrit, 4 – Pyrit, 5 – Rotfäulefazies

Am besten läßt sich das Schema der Mineralverteilung im Randgebiet der Rotfäulefazies im Profil Bohrung 86 T–24 (Abb. 4) studieren. Auf eine Darstellung der Verteilung von Galenit und Sphalerit kann verzichtet werden, da diese bereits aus den Metallverteilungskurven zu ersehen ist. Genetisch ist die Verteilung der Cu-Minerale und von Pyrit $\pm$ Markesit interessant. Außerhalb des genannten Profils liegt im Randbereich der Rotfäulefazies die Bohrung 59. Sie führt laut frdl. Mitteilung von Dipl.-Geol. TZSCHORN Chalkopyrit $\pm$ Bornit. In der Bohrung 86 T sind, wie schon weiter oben beschrieben, die liegenden Sandsteine und die untersten Flözlagen in Rotfäulefazies ausgebildet. Unmittelbar über deren hangender Grenze setzt eine Chalkosinmineralisation ein, die bis zur Flözoberkante reicht. Hier ist auch etwas ged. Silber vorhanden. In den obersten Zentimetern des Flözes tritt bereits Bornit auf, der von der Flözoberkante bis ca. 0,5 m oberhalb der Flözoberkante das Haupterzmineral bildet. Darüber setzt dann eine Pyrit-($\pm$ Markasit-)Chalkopyrit-Mineralisation ein. Damit ist auf eine Mächtigkeit von 1,6 m der vertikale Mineralfazieswechsel über der Rotfäulefazies aufgeschlossen.

In der südwestlich anschließenden Bohrung 66 reicht die Rotfärbung nur bis zur Flözunterkante. Hier und in der Bohrung 75 können etwas andere Verhältnisse beobachtet werden. Die tieferen Flözlagen sind zwar noch dunkel gefärbt, führen aber als Hauptmineral Pyrit ($\pm$ Markasit) und daneben etwas Chalkopyrit und Bornit, die in der Bohrung 66 nach dem Hangenden zu mengenmäßig zunehmen, bis in der Flözmitte Chalkosin $\pm$ Bornit überwiegt.

Nahe der Flözoberkante überwiegt dann wieder Bornit. In der Bohrung 82 wurden die tiefen Teile des reichen Sanderzes erzmikroskopisch nicht untersucht. Die erzmikroskopische Bearbeitung setzte oberhalb des bräunlich gefärbten Bereichs ca. 50 cm unter der Flözunterkante ein. Das Sanderz besitzt eine Chalkosin-Bornit-Mineralisation, die sich noch bis ins Flöz hinein fortsetzt. Die Chalkopyrit-Pyrit-Paragenese setzt ca. 80 cm über der Flözunterkante ein. In der Bohrung 77 besteht die an der Flözunterkante liegende Cu-Mineralisation bereits vorwiegend aus Chalkopyrit ($\pm$ Bornit). Im anschließenden Pb–Zn-Feld tritt fast nur noch Chalkopyrit als Kupfermineral auf. Der Bereich des horizontalen Mineralfazieswechsels erstreckt sich hier auf Grund des flachen Sicheinschiebens der Rotfäulefazies unter das Flöz auf ein Gebiet von über 2 km Breite.

Bisher war angenommen worden, daß die Chalkosin-Paragenese besonders an Gebiete tektonischer Beanspruchung geknüpft ist. Wie die vorliegenden Untersuchungsergebnisse beweisen, sind die vorhandenen Mineralparagenesen auf den Rand der Rotfäulezone orientiert. Die jüngere saxonische Tektonik hat offensichtlich nur zu geringen Umlagerungen geführt, die das ursprüngliche Bild der Mineralisation nur unbedeutend verwischten.

Wie bei zahlreichen anderen erzmikroskopischen Bearbeitungen des Kupferschiefers von verschiedenen Autoren festgestellt worden ist, treten auch im Kupferschiefer von Spremberg–Weißwasser zahlreiche Verdrängungsstrukturen von Organodetritus (Foraminiferen u. a.), Karbonatlinsen und -flasern und im Sanderz von Gesteins- und Feldspatdetritus auf. Diese Verdrängungsstrukturen waren sehr oft Anlaß zu genetischen Diskussionen. Die Verf. sind der Meinung, daß man diese Verdrängungserscheinungen zwanglos als Bildungen im Zusammenhang mit den Stoffwanderungen bei der Diagenese und beim Vordringen einer Rotfäulefazies deuten kann. Da, wie weiter oben nachgewiesen wurde, der Cu-Saum diagonal vom Hangenden durch das Flöz ins Liegende verläuft, ist es verständlich, daß man im Kupferschiefer kaum syngenetisch-sedimentäre Gefüge feststellen kann. Knauer beobachtete über größeren Detritusgeröllchen an der Grenze Sanderz/Flöz Chalkopyritlineale, die zu beiden Seiten des Geröllchens staffelbruchartig abgesunken waren. Die Verf. sehen darin diagenetische Inhomogenitätsbrekzien, die beweisen, daß einige Sulfidaggregate bereits sammelkristallisiert waren, bevor die diagenetischen Setzungserscheinungen im Flöz endeten.

5. Schlußfolgerung aus den faziellen Betrachtungen

Das Studium der Metall- und Erzmineralverteilung im Kupferschiefervorkommen von Spremberg–Weißwasser ermöglichte folgende Feststellungen:

1. Die Paläogeographie, die petrographische und die geochemische Fazies zur Zeit der Ablagerung des Unteren Zechsteins haben vor allem Einfluß auf die primäre Metallverteilung im Kupferschiefer, die syngenetisch-sedimentär erfolgte. Der für die gegenwärtige Metallverteilung verantwortliche geologische Faktor ist die im NE der Struktur Mulkwitz ausgebildete Rotfäulefazies.

2. Die Beobachtungen über die Metallverteilung zeigen, daß die Rotfäulefazies zumindest in den untersuchten Randgebieten nicht primär-sedimentärer Entstehung ist, sondern sich syndiagenetisch im Sediment ausgebreitet hat. Anders ist das diagonale Durchsetzen der Vererzungstypen durch das Kupferschieferflöz nicht zu erklären.

3. Die bauwürdige Cu-Vererzung des sogenannten Cu-Saums lagert nur unmittelbar auf und an der sich keilförmig unter das Kupferschieferflöz schiebenden Rotfäulefazies. Daraus ergibt sich, daß es schwer ist, einen Außenrand der Rotfäulefazies genau anzugeben, da die bis zu 2 km von den Cu-Vererzungen im Hangenden entfernt liegenden Cu-Sanderze ebenfalls nur den Cu-Saum an der Rotfäulefazies darstellen.

(Das Schema der Metallverteilung zeigen die Abb. 5 und z. T. auch die Abb. 3 und 4.)

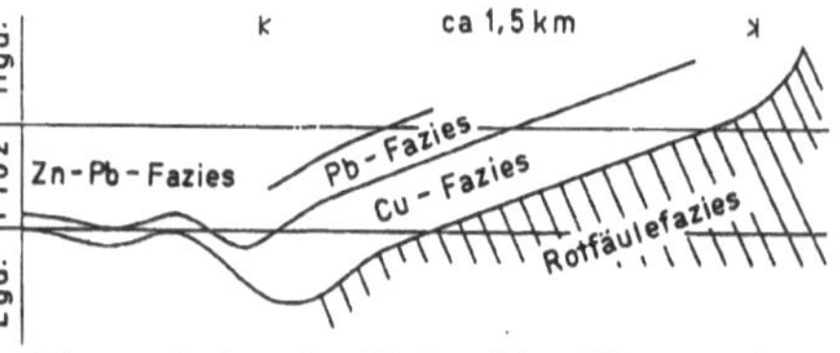

Abb. 5. Schematisches Profil der Metallfaziesverteilung am Rand der Rotfäulezone

4. Es ist ein gesetzmäßiger Mineralfazieswechsel sowohl in vertikaler als auch in horizontaler Richtung nachzuweisen, der schematisch folgendermaßen dargestellt werden kann:

Randbereich der Rotfäulefazies örtlich mit Fe-reichen Sulfiden (Pyrit und Chalkopyrit $\pm$ Bornit) — Rotfäulerand — Cu-Saum mit Cu-reichen Sulfiden [Chalkosin und Bornit (Idait) $\pm$ Chalkopyrit] — Pb–Zn- und Zn–Pb-Saum mit Galenit, Sphalerit, Pyrit und Chalkopyrit $\pm$ Bornit. In vertikaler Richtung über der Rotfäulefazies fehlt lediglich ganz nahe am Außenrand des Cu-Saums die Pb–Zn-Mineralisation. Die überall in den Erzen nachweisbaren Verdrängungserscheinungen erklären sich u. a. durch die Stoffwanderungen im Zusammenhang mit der Ausbreitung der Rotfäulefazies.

5. Zur Rotfäulefazies gehören die fleckenartig, streifen- und bandförmig und vollkommen rotgefärbten Partien des Zechsteinkalks, des Kupferschieferflözes und der liegenden klastischen Gesteine. Besonders letztere können leicht mit primär rotgefärbten Liegendgesteinen verwechselt werden. Ein Kriterium für die Rotfäulefazies in Gesteinen im unmittelbaren Liegenden des Kupferschieferflözes ist eine über die Flözunterkante angehobene Cu-Vererzung mit Chalkosin.

Das Schema der Buntmetallverteilung am Rand einer Rotfäulefazies, das für das Gebiet von Spremberg–Weißwasser geklärt wurde, konnte durch vergleichende Untersuchungen an den von Messer (1955) veröffentlichten Bohrergebnissen der Richelsdorfer Südmulde unter Berücksichtigung der bereits von Kautzsch (1942) dort erkannten Rotfäulefazies bestätigt werden.

Die hier beschriebenen Untersuchungsergebnisse besitzen insgesamt den Charakter vorläufiger Mitteilungen. Die Arbeiten werden in ihrer Gesamtheit fortgesetzt [2]).

Zusammenfassung

Es wurde nachgewiesen, daß die Metall- und Erzmineralverteilung im Kupferschiefer Spremberg—Weißwasser gesetzmäßig auf den Rand des Gebietes mit Rotfäulefazies an der NE-Flanke der Struktur Mulkwitz orientiert ist. Die Cu-Hangenderze, Cu-Flözerze und Cu-Sanderze sind Bildungen am Rand der sich keilförmig unter den Kupferschiefer einschiebenden Rotfäulefazies. Die Differenzierung der Metalle am Rotfäulesaum (Cu — Pb $\pm$ Zn — Zn $\pm$ Pb) und der Kupferminerale (Chalkosin + Bornit — Chalkopyrit $\pm$ Bornit) sind Ausdruck syndiagenetischer Stoffwanderungen. Diese führen auf Grund des Sicheinschiebens der Rotfäulefazies zu einem diagonalen Durchsetzen der Metall- und Mineralfaziesbereiche durch das Kupferschieferflöz.

Резюме

Установлено, что размещение металлов и рудных минералов области Шпремберг—Вейсвассер закономерно связано с краем области распространения фации красной гнили на северовосточном боку структуры Мульквиц. Медистые руды висячих пород, пласта медистых сланцев и подстилающих песчаников являются краевыми образованиями фации красной гнили, которая

[2]) Den Herren Dr. Dette und Dipl.-Geol. Franz danken wir für ihre Unterstützung und die wertvollen Hinweise, ohne die die vorliegenden Untersuchungsergebnisse nicht in so verhältnismäßig kurzer Zeit hätten erzielt werden können. Für klärende Diskussionen sind wir den Herren Dr. Tischendorf, Dr. Kaemmel, Dipl.-Geol. Tzschorn und Dipl.-Geol. Rusitzka zu Dank verpflichtet.

клинообразно выходит из-под медистых сланцев. Дифференциация металлов на краю красной гнили (Cu — Pb ± Zn — Zn ± Pb), а также медистых минералов (халькозин + борнит — халькопирит ± борнит) является выражением синдиагенетической миграции вещества. Она приводит в результате внедрения фации красной гнили к диагональному прониканию областей распространения фаций металлов и минералов через пласт медистых сланцев.

Summary

It is shown that the metal and ore-mineral distribution in the copper slate of Spremberg—Weißwasser is regularly orientated towards the margin of the „Rotfäulefazies" area at the northeastern flank of the structure of Mulkwitz. Formations at the margin of the „Rotfäulefazies" showing a wedge-shaped insertion below the copper slate include capping-bed, seam and sand ores of copper. The differentiation of metals at the „Rotfäulefazies" (Cu— Pb ± Zn — Zn ± Pb) and of copper minerals (chalcocite + bornite — chalcopyrite ± bornite) are an expression of syndiagenetic migrations of substances. Owing to the inserted „Rotfäulefazies" they produce a diagonal penetration of the copper-slate seam with areas of the metal and mineral facies.

Literatur

FRANZ, R. & D. RUSITZKA: Geologische Ergebnisse der Erkundungsarbeiten auf Kupferschiefer im Raum Spremberg—Weißwasser. — Z. angew. Geol., 9, S. 169—176, Berlin 1963.

GILLITZER, G.: Die Geologie der Erzanreicherungen im mitteldeutschen Kupferschiefer. — Jb. Hall. Verb., 15, S. 9—28, Halle 1936.

JUNG, W.: Die Sedimentationsverhältnisse während des Oberrotliegenden und Zechsteins im SE-Harzvorland. — Z. angew. Geol., 6, S. 598—604, Berlin 1960.

KAUTZSCH, E.: Untersuchungsergebnisse über die Metallverteilung im Kupferschiefer. — Arch. f. Lagerstättenf., Heft 74, Berlin 1942.

— Die sedimentären Erzlagerstätten des Unteren Zechsteins. — Freib. Forschungsh. C 44, Berlin 1958.

KNAUER, E.: Bericht über die erzmikroskopische Bearbeitung der Bohrungen Dahme 2, Dahme 3, Luckau 1 und Schlieben 2 E. — ZGD, Berlin 1960.

— Bericht über die Untersuchung der Proben 324—338 des Objektes Spremberg. — ZGD, Berlin 1960.

KNITZSCHKE, G.: Vererzung, Hauptmetalle und Spurenelemente des Kupferschiefers in der Sangerhäuser und Mansfelder Mulde. — Z. angew. Geol., 7, S. 349—356, Berlin 1961.

LANGER, M.: Über die erzmikroskopischen Untersuchungen des Kupferschiefers und seines unmittelbaren Liegenden im Raum Spremberg—Weißwasser. — Z. angew. Geol., 9, S. 449—452, Berlin 1963.

MESSER, E.: Kupferschiefer, Sanderz und Kobaltrücken im Richelsdorfer Gebirge (Hessen). — Hess. Lagerstättenarchiv, 3, Wiesbaden 1955.

RICHTER, G.: Geologische Gesetzmäßigkeiten in der Metallführung des Kupferschiefers. — Arch. f. Lagerstättenf., Heft 73, Berlin 1941.

— Zwei Beiträge zur Fazies, Tektonik und Kupferführung des Zechsteins: I. Waldeck, II. Nordsudeten. — Geol. Jb., 65, S. 146—212, Hannover 1949.

RUCHIN, L. B.: Grundzüge der Lithologie (deutsch von A. SCHÜLLER). — Akademie-Verlag, Berlin 1958.

SIEGERT, C., G. TZSCHORN & G. WINKLER: Die feinstratigraphische Gliederung des Kupferschiefers im Raum Spremberg—Weißwasser. — Z. angew. Geol., 9, S. 452—455, Berlin 1963.

STEINBRECHER, B.: Die Sedimentation im Saaletrog im Bereich des östlichen Harzvorlandes während des Zechsteins 1 und 2. — Z. angew. Geol., 5, S. 381—385, Berlin 1959.

Ergebnisbericht über die geologische Erkundung auf Kupfer-, Blei- und Zinkerze (Kupferschiefer) im Raum Spremberg — Weißwasser. — Zusammengestellt von Dipl.-Geol. R. FRANZ unter Mitarbeit von Dipl.-Geol. RUSITZKA, Dipl.-Min. SIEGERT, Dipl.-Berging.-Geol. TZSCHORN u. a., Weißwasser 1961.

Erdöl- und Erdgasspeichereigenschaften des Staßfurtkarbonats im Süden der DDR[1]

WOLF HESSMANN, Berlin

1. Vorbemerkung

Im Zusammenhang mit der Berechnung von Vorräten an Kohlenwasserstoffen im Hauptdolomit und seinen Äquivalenten im westlichen und nordwestlichen Thüringer Becken und der verstärkten Such- und Erkundungstätigkeit auf derartige Lagerstätten in anderen Gebieten im Südosten und Nordosten der DDR ist die Klärung des Charakters dieses Speichers wiederum zum Gegenstand umfangreicher Untersuchungen geworden. Obwohl sich bereits in den 30er bezw. 50er Jahren eine Reihe von Forschern wie H. ALBRECHT, F. DEUBEL, O. GRUPE, F. HEIDORN, G. LINCK, R. MEINHOLD, H. SCHLÜTER, O. STUTZER u. a. mit der Stratigraphie, Lithologie und Erdöl-Erdgasführung dieser Gesteine auseinandergesetzt haben, gibt es hinsichtlich der lagerstättengeologischen Verhältnisse der einzelnen Vorkommen noch eine Vielzahl offener Fragen. Einer der wesentlichen Gründe für die Kompliziertheit dieser Erdöl- und Erdgaslagerstätten in karbonatischen Gesteinen liegt in der außerordentlich großen Variationsmöglichkeit der die Lagerstättenbildung und -erhaltung bestimmenden Faktoren.

Als gesicherte Tatsache ist der Umstand anzuerkennen, daß eine strenge Korrelierung bzw. Parallelisierung lithofazieller oder petrophysikalischer Daten und Werte zweier benachbarter Bohrungen nur bedingt, über den Raum einer ganzen Struktur aber kaum exakt ausführbar ist.

Auf die Entfernung von wenigen Kilometern hin, die z. B. im Thüringer Becken lagerstättenführende Strukturen voneinander trennen, kann selbst die innerhalb einer Struktur erkennbare Ähnlichkeit erbohrter Profile völlig verschwinden (Forstberg bei Mühlhausen und Volkenroda — Pöthen, Langensalza-Nord und Ostteil von Kirchheiligen u. ä.). Erst das Verständnis dieser spezifischen Eigenart gestattet eine, die realen Verhältnisse möglichst wahrheitsgetreu widerspiegelnde Einschätzung der lagerstättengeologischen Situation der einzelnen Vorkommen und größerer, höffiger Gebiete.

2. Stand der bisherigen Untersuchungen der lagerstättengeologischen Verhältnisse

Die mögliche große Unterschiedlichkeit lagerstättengeologischer Verhältnisse zeigt sich auch in einer Gegenüberstellung der von einzelnen Bearbeitern festgestellten Untersuchungsergebnisse. So wurden von H. ALBRECHT, F. DEUBEL und O. STUTZER für die Erdöllagerstätte Volkenroda eine Speicherung und der Zufluß der Kohlenwasserstoffe ausschließlich auf Klüften, Spalten und Haarrissen beobachtet und beschrieben.

Nach F. DEUBEL soll diese tektonische Auflockerung künstlich sein und mit dem Bergbau zusammenhängen, eine Theorie, die durch den Nachweis einer Kluftspeicherung in bergbaulich unverritzten Teilen der Struktur Kirchheiligen als widerlegt gelten kann. Auf F. DEUBEL, der die Zuordnung derartiger Erdöllagerstätten zu einer bestimmten „Volkenrodaer Fazies" (1954) durchführte, geht der Nachweis einer weiteren Speichermöglichkeit in oolithisch texturiertem Dolomit zurück. Aus den Ergebnissen der ersten, vor dem zweiten Weltkrieg niedergebrachten Bohrungen auf den Strukturen Forstberg bei Mühlhausen und Langen-

[1]) Eingang des Manuskripts in der Redaktion: 27. 4. 1963.

salza postulierte er das Vorhandensein einer „Forstberg-Fazies“ des Hauptdolomits, in der eine Bildung von Erdgaslagerstätten in Abhängigkeit vom Auftreten „feinschaumig-oolithischen“ oder „oolithisch-porösen“ Dolomits gegeben sein soll.

R. MEINHOLD konnte 1959, gestützt auf umfangreiches Untersuchungsmaterial des VEB Erdöl und Erdgas, das gelegentliche Auftreten poröser Zonen, deren Parallelisierung nicht möglich ist, beschreiben. Weiterhin schildert er die Tatsache einer allgemein sehr geringen Permeabilität, das weit verbreitete Auftreten geschlossener, also nichtkommunizierender Porenräume und die häufig feststellbare Bildung der Poren durch Umsetzung und Auslaugung. Die Lagerstätten sind nach seiner Meinung wesentlich von der Ausbildung des Speichers, d. h. seiner Zerklüftung, abhängig; die produktiven Möglichkeiten beruhen auf der Anwesenheit von Klüften. W. M. BAUSCH & H. WIONTZEK gelangten 1961 schließlich bei ihren petrographischen Untersuchungen am Hauptdolomit von Rehden in Westdeutschland zu der Ansicht, daß die vorwiegend bis ausschließlich sekundär gebildeten Porenräume in der Form von feinstschwammigen Intergranularporen in gleichkörnigem Karbonatgestein und von grobporig-kavernösen Texturproben in Abhängigkeit von vorgezeichneten Kalkalgenstrukturen und oolithischer Textur auftreten. Eine nennenswerte Permeabilität ist jedoch nur dem Intergranularporenraum eigen. Die zahlreichen und größeren („Algen“-) Texturporen stehen nicht oder nur über weitere Intergranularporen untereinander in Verbindung. O. A. TSCHERNIKOW hat 1962 in einer entsprechenden Arbeit die Porosität einiger Bohrungen von Reinkenhagen, Staakow und Schlieben in ähnlicher Weise gedeutet. Seinen „primären Poren“ kann allerdings nur in dem Sinne zugestimmt werden, als eine primäre Abhängigkeit durch die schon bei der Sedimentation vorhandenen Texturen (Kalkalgen, Ooide, andere Fossilreste) vorgezeichnet sein kann. Mit Ausnahme etwa des Sonderfalls riffähnlicher Bildungsbedingungen, wie sie A. HERRMANN 1957 aus dem Eichsfeld beschreibt, ist dagegen in den sich bildenden chemisch-biochemischen Karbonatsedimenten während ihrer Sedimentation wohl kaum die durchgehende Erhaltung eines vom Anfang an vorhandenen „primären“ Porenraums anzunehmen.

3. Die Speichereigenschaften des Staßfurtkarbonats an einigen Strukturen im Süden der DDR

Typisch für die Ausbildung des Staßfurtkarbonats in der Thüringer Hauptdolomitfazies ist das Auftreten eines dunkel gefärbten, merglig-schluffigen tiefliegenden Horizonts mit Zweischalerresten („Muschelzone“ F. DEUBELS) und Resten von Fadenalgen („Algenzone“ F. DEUBELS) sowie oolithischen und pseudo-oolithischen Partien im oberen Bereich. Mehrere hundert Dünnschliffuntersuchungen an den Bohrproben von den Strukturen Langensalza, Mühlhausen und Kirchheiligen und über 2000 Porositätsmessungen sowie über 1800 Permeabilitätsuntersuchungen an etwa 150 Dolomitprofilen aus verschiedenen Bohrungen im Süden der DDR zeigen, daß direkte Zusammenhänge zwischen lithofazieller Ausbildung und Nutzporosität nur insoweit gegeben scheinen, als sekundäre Umsetzungs-, Auslaugungs- und Umkristallisationsprozesse bestimmte lithofazielle, besonders ausgebildete Horizonte bevorzugt verändern können.

Der Thüringer Hauptdolomit ist in den genannten Strukturen und in seiner normalen, tektonisch nicht gestörten Ausbildung ein petrographisch und physikalisch sehr dichtes Gestein, dem unregelmäßig eingelagert Partien mit geschlossenen oder (meist nur als Ausnahmefall) offenen Porenräumen eingelagert sind. Der Hauptanteil der Porosität wird durch nichtkommunizierende, weitgehend mit der oolithisch-pseudooolithischen Textur zusammenhängende Hohlräume von 50 bis 300 μ im Durchschnitt gebildet. Sie sind in ihrer Größe und in ihrer Form von der Beschaffenheit der fortgeführten Substanz abhängig. So fanden sich neben nahezu runden und ovalen Poren im Innern ehemaliger Ooide und Kalkalgen solche mit eckigen und kantigen Formen. Daneben treten mit den „Texturporen“ zusammen, selten auch für sich allein, „Zwickelporen“ oder „Intergranularporen“ auf. Die in ihrer Form von den Flächen und Kanten der umgebenden Kristalle bestimmten Hohlräume bleiben in der Größenordnung zwischen 10 und 55 μ, nur in vereinzelten, gröberkristallinen Karbonatpartien werden Poren von 100 μ erreicht. Allein Poren dieses Typs stehen untereinander in Verbindung und sind die Ursache für die (geringe) Permeabilität. Zusammen mit den Texturporen finden sich Spitzenporositäten von 25%. Allerdings stellt das Auftreten hochporöser Speicher den Ausnahmefall dar, von 200 Proben aus 12 Thüringer Bohrungen ergab sich eine durchschnittliche Porosität von 4,14%. Eine Reihe von Bohrungen zeigten im Hauptdolomit überhaupt keine Nutzporosität.

Einen überzeugenden Beweis für die geringen Speichereigenschaften des Hauptdolomits liefern die umfangreichen Messungen der Permeabilität. Von 1575 untersuchten Permeabilitätswerten lagen ganze 130 überhaupt noch mit einem meßtechnisch erfaßbaren Wert von > 0,3 Millidarcy vor. Lediglich in etwa 20 Fällen wurden Werte zwischen 3 und 20 Millidarcy (!) erreicht. Für die am besten untersuchten Lagerstätten Mühlhausen, Langensalza und Kirchheiligen wurden bei 600 Messungen 50 registrierbare Durchlässigkeitswerte im genannten Größenbereich gefunden.

Da trotz der außerordentlich schlechten Permeabilität aus produzierenden Sonden industriell verwertbare Erdgasmengen gefördert werden, muß der Klüftigkeit die entscheidende Rolle zugeschrieben werden. In der Tat läßt sich am Beispiel der Lagerstätte des Forstbergs bei Mühlhausen die große Bedeutung der tektonischen Auflockerung für die Speicherung und Abgabe aufzeigen (siehe Abb.). Ein Vergleich des lithofaziellen Aufbaus der erbohrten Profile und der gemessenen Nutzporositäten läßt erkennen, daß nicht im Top oder der flachen Nordflanke bei großer Mächtigkeit oolithisch-pseudo-oolithischer Dolomitpartien die größten Nutzporositäten auftreten, sondern an der steilen und damit tektonisch am intensivsten gestörten Südflanke. Ähnliche Verhältnisse, allerdings nicht so deutlich ausgeprägt, finden sich an der steilen Südwestflanke der Struktur Langensalza-Nord und in gestörten Bereichen des Südwestteils der Struktur Kirchheiligen.

Allerdings muß einschränkend festgestellt werden, daß durch die tektonische Auflockerung und Kluftbildung weniger direkt ein nennenswertes Speicher-

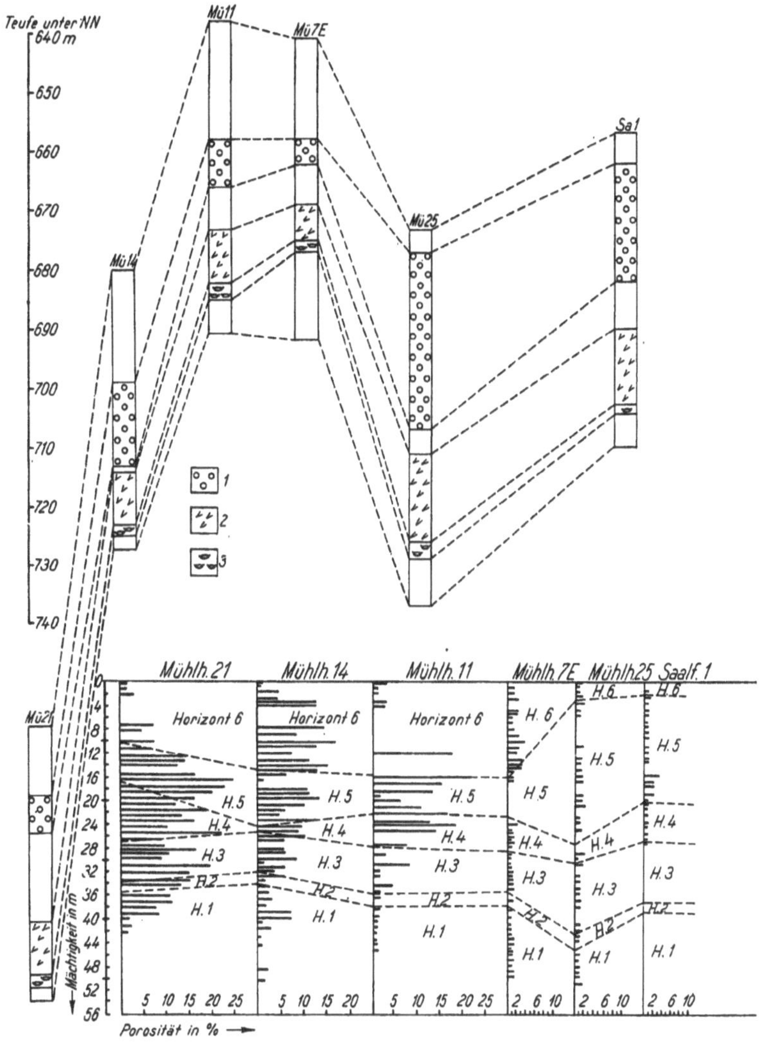

Profilreihe durch den Forstberg bei Mühlhausen (Thür.)
1 — Oolithzone, 2 — Algenzone, 3 — Muschelzone

volumen geschaffen wird. Es ist offensichtlich und durch die makroskopischen Kernaufnahmen sowie durch Dünnschliffuntersuchungen belegbar, daß in den klüftigen Bereichen der Strukturen eine Materialverschiebung durch Auslaugung und Umsetzung in verstärktem Maße, zumindest jedoch bedeutend intensiver als im ungestörten Schichtenverband, vor sich gehen konnte. Es scheint somit der Schluß berechtigt, daß durch die Klüftigkeit nicht nur schlechthin eine entscheidende Verbesserung der Durchlässigkeit durch die Kommunikation vorhandener Porenräume hervorgerufen wird, sondern daß die durch die Spalten gegebene erhöhte Permeabilität in primär völlig dichten Gesteinen entscheidend jene Prozesse fördert und beschleunigt, die eine durch stoffliche Zusammensetzung, Struktur und Textur der Gesteine vorgezeichnete Erhöhung der Nutzporosität hervorbringen.

4. Zur räumlichen Anordnung und Verteilung der Speichereigenschaften

Diese für ein Reihe Strukturen im Thüringer Becken bewiesenen und für die prinzipiell ähnlich gebauten Vorkommen der Lausitz und Südbrandenburgs anzunehmenden engen Zusammenhänge und Wechselwirkungen zwischen Gesteinsporosität und Klüftigkeit gestatten einige Voraussagen über die räumliche Anordnung und Verteilung der für die Lagerstättenbildung entscheidenden Speichereigenschaften. Neben Hauptdolomitprofilen mit echter Gesteinsporosität und (durchweg geringer) Permeabilität durch Kommunikation der Porenräume findet sich vor allem in den weiter beckenwärts gelegenen Strukturen ein starkes Zurücktreten einer Speichermöglichkeit in Intergranular- und Texturporen. Volkenroda — Pöthen, Gebra — Lohra und große Teile der Struktur Kirchheiligen — Allmenhausen zeigen in ihren Profilen entweder nur sehr geringe, vorwiegend geschlossene, Texturporen oder generell petrophysikalisch dichte Gesteinsabfolgen. Hier sind produktive Bohrungen ausschließlich an die tektonisch aufgelockerten Bereiche der Strukturen oder Strukturteile gebunden. Während sich im ersten Fall der Kluftlagerstätten mit zusätzlicher Gesteinsporosität zwar die absoluten Abgabemengen von Bohrung zu Bohrung durch beachtliche Unterschiede auszeichnen können, treten im zweiten Fall im zunehmenden Maß trockene, völlig sterile Bohrungen auf. Im Falle der mehr oder weniger reinen Kluftspeicherung ohne nennenswerte Intergranular- und Texturporen bestimmt der Verlauf der tektonischen Zerrüttungszonen bzw. der Verlauf der offenen Klüfte innerhalb einer Struktur ausschließlich die Form und Größe der zu erwartenden Lagerstätte. Am Beispiel des hinreichend beschriebenen Erdölvorkommens in Volkenroda—Pöthen (H. ALBRECHT, F. DEUBEL und W. KARPE) läßt sich nachweisen, daß die Erdöl- und Erdgasführung an rheinische Kluftzonen gebunden ist. Die räumliche Verbreitung von Gas und Öl folgt in einem solchen Maße ausschließlich dem Verlauf der Kluftzonen, daß in tektonisch nicht beanspruchten Grubenteilen der Speicher absolut trocken ist. Die „Lagerstätte" zerfällt in eine Vielzahl unterschiedlich großer, untereinander nur bedingt zusammenhängender Vorkommen, deren Aufsuchen, Konturierung und Berechnung recht kompliziert bzw. recht aufwendig ist.

In den Lagerstätten klüftiger Speicher mit zusätzlicher Gesteinsporosität ist eine regellose Anordnung der nutzbaren Speicherräume zwischen den Störungszonen typisch. Die Abhängigkeit des offenen Speicherraums von der tektonischen Beanspruchung und teilweise indirekt von der lithofaziellen Ausbildung gibt die Erklärung für die räumlich sehr unregelmäßige Verteilung der porösen Zonen. Bewiesen ist auf jeden Fall die Abweichung der Lagerstättenkontur von den Strukturlinien.

Eine von verschiedenen Autoren bei Vorratsberechnungen vertretene Begrenzung speicherfähiger Räume oder der industriell-kohlenwasserstofführenden Flächen durch eine „Faziesgrenze" zwischen einer „oolithisch-porösen" und einer „dichten" Ausbildung des Hauptdolomites kann als widerlegt angesehen werden. Auch innerhalb der durch oolithisch-pseudo-oolithische Textur ausgezeichneten Ausbildung karbonatischer Sedimente finden sich vorwiegend in tektonisch nicht gestörten Strukturteilen petrophysikalisch dichte Partien, während in den monotonen, vollkristallin-gleichkörnigen und petrographisch „dichten" Gesteinen poröse Zonen mit Intergranularporen auftreten können. Kluftspeicherung und -permeabilität können naturgemäß in jeder beliebigen lithofaziellen Ausbildung des Staßfurtkarbonats vorkommen. Der geschilderte Zusammenhang zwischen tektonischer Auflockerung und Gesamtporenvolumen sowie Durchlässigkeit führt durchweg zu außerordentlich unterschiedlicher Anordnung und Verteilung der Speichereigenschaften für Erdöl und Erdgas in den Gesteinen des Staßfurtkarbonats des Zechsteins im Süden der DDR.

Literatur

ALBRECHT, H.: Das Erdölvorkommen von Volkenroda, – Kali usw., **26**, S. 25 (1932).

BAUSCH, W. M. & H. WIONTZEK: Petrographische Untersuchungen am Hauptdolomit von Rheden. – Erdöl und Kohle, **14**, 686–692 (1961).

DEUBEL, F.: Betrachtungen über das Auftreten von Erdöl und Erdgas im Zechstein des Thüringer Beckens. – Geologie, **3**, Festschrift für K. PIETZSCH, 804 (1954).

GRUPE, O.: Ist der Hauptdolomit des Mittleren Zechsteins Erdölmuttergestein oder nur Speichergestein? – Kali usw., **26**, S. 277 (1932).

HEIDORN, F. & H. SCHLÜTER: Zur Frage der Ölhöffigkeit und Paläogeographie des Mittleren Zechsteins. – Kali usw., **25**, S. 295 (1931).

HERRMANN, A.: Der Zechstein am südwestlichen Harzrand. – Geol. Jb., **72**, S. 1, Hannover 1957.

KARPE, W.: Ein Beitrag zur Kenntnis der Erdöllagerstätte Volkenroda. – Z. angew. Geol., **5**, S. 422, Berlin 1959.

LINCK, G.: Beobachtungen und ihre Ergebnisse an Gesteinen des Mittleren Zechsteins (Hauptdolomit und Grauer Salzton) in Thüringen. – Chemie der Erde, **14**, S. 312 (1942).

MEINHOLD, R.: Probleme der Erdölerkundung im Zechstein. – Ber. geol. Ges. DDR, **4**, S. 269, Berlin 1959.

STUTZER, O.: Über die im Mikroskop sichtbare Bitumenführung des Hauptdolomites von Volkenroda und des „Stinkschiefers" von Mansfeld. – Kali usw., **27**, S. 43 (1933).

TSCHERNIKOW, O. A.: Zur Porosität der Gesteine des Hauptkarbonats. – Z. angew. Geol., **5**, 10, 422–425, Berlin 1959.

Über den genetischen Zusammenhang der erdölführenden Becken mit den sie einschließenden Grundwasserbecken[1)]

E. A. BARS, G. A. BORSCHTSCHEWSKI, I. O. BROD & A. M. OWTSCHINNIKOW, UdSSR

Ohne breite regionale hydrogeologische Forschungen kann man weder die Gesetzmäßigkeiten bei der Verbreitung von Erdgas- und Erdölakkumulationen aufdecken, noch die Formierungsbedingungen einer Lagerstätte natürlicher Kohlenwasserstoffe studieren. Ohne sie ist auch keine Prognose der Erdöl-Erdgas-Führung großer Territorien möglich.

In den letzten Jahren wird neben dem Studium des Chemismus und des Gasgehaltes der Erdölwässer der regionalen hydrogeologischen Erforschung großer Territorien immer mehr Aufmerksamkeit geschenkt (KORZENSCHTEIN 1960 u. KROTOWA 1956).

Solche Forschungen müssen innerhalb der natürlich-historischen Grenzen der natürlichen Druckwassersysteme und der erdöl-erdgasführenden Becken angesetzt werden.

Unter erdöl-erdgasführenden Becken versteht man weite Senkungsgebiete der Erdkruste, die mit mächtigen Sedimentgesteinen angefüllt sind, die erdölproduzierende und regional erdölführende Gesteinsserien enthalten (BROD 1953, 1955, 1959).

Alle bekannten erdöl-erdgasführenden Becken können unterteilt werden in solche, die an rezente, ebene Tafelgebiete gebunden sind, in Becken der Vorgebirgssenken und in Becken der intramontanen Senken. Als Beispiele für erdöl-erdgasführende Becken dieser Typen gelten das Nordkaspische, das Mittelkaspische und das Südkaspische Becken.

In den regional erdölführenden Schichten der erdöl-erdgasführenden Becken werden die Schichten und Schichtpakete ausgeschieden, die natürliche Reservoire bilden, und die sie trennenden wasserundurchlässigen Gesteine. Untersucht man das Verhältnis von Erdöl-Erdgas zu Wasser, so kommt man zu dem Schluß, daß Erdöl- und Erdgaslager kleine lokale Akkumulationen im „Meer" der unterirdischen Wässer sind, welche die Reservoirgesteine in ihrer ganzen Erstreckung anfüllen. Damit ein Erdöl-(Erdgas-)Lager entstehen kann und erhalten bleibt, muß das Gleichgewicht zwischen Öl(Gas) und Wasser gewahrt bleiben. Zur Feststellung der Gesetzmäßigkeiten in der Verteilung von Erdöl- und Erdgasakkumulationen muß man darum die Gesamtheit der hydrogeologischen Verhältnisse und deren Veränderung im Verlaufe der geologischen Zeitläufe studieren. Die Grundlage für solche Forschungen bilden die natürlichen Druckwassersysteme — unterirdische Wassersysteme unterschiedlichen Typs und in verschiedener Ausdehnung —, die in wechselndem Ausmaß hydraulisch miteinander verbundene wasserführende Horizonte und Komplexe umschließen und sich durch das charakteristische Verhältnis zwischen den Bereichen der rezenten Infiltration, wo der Druck des Systems entsteht, der sich über die Verbreitungsräume der Druckwasserhorizonte auf das gesamte System fortpflanzt, und den Entlastungsherden der unterirdischen Wässer auszeichnen (OWTSCHINNIKOW 1959, 1960).

Die Erforschung der Gesetzmäßigkeiten in der Verteilung von Erdöl- und Erdgasakkumulationen führt zu dem Schluß, daß diese mit den artesischen Systemen verknüpft sind, d. h. mit den großen artesischen Becken, die geschlossene oder halboffene Senkungsgebiete und deren Ränder umfassen. Innerhalb dieser Räume liegen auch die rezenten Bereiche der Infiltration und Druckbildung (Abb. 2). In diesem weiteren Sinne können die artesischen Becken aus mehreren hydrogeologischen Provinzen bestehen, von denen jede durch ein bestimmtes

---

1) Aus: „Geologija nefti i gasa", Nr. 11, 1961, S. 27–34. Übers.: H. QUANDT, Schwerin

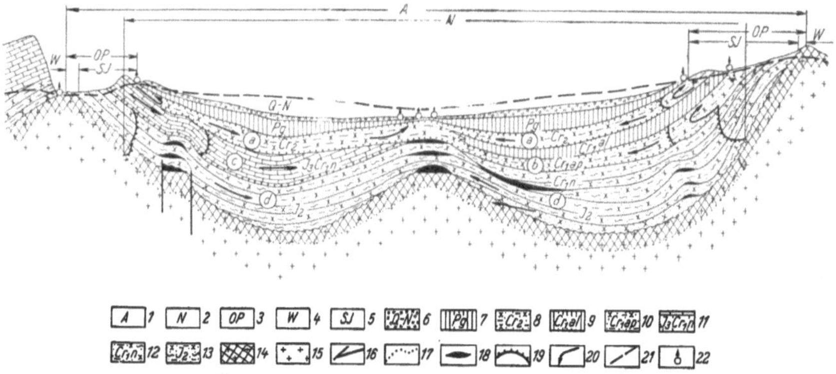

Abb. 1. Schematische Übersichtskarte über das Mittelkaspische und Südkaspische artesische und erdöl-erdgasführende Becken

1 — natürliches artesisches Druckwassersystem, 2 — erdöl-erdgasführendes Becken, 3 — rezentes Speisungsgebiet, 4 — äußere Speisungszone, 5 — rezentes Infiltrationsgebiet und Bereich der Druckentstehung, 6 — quartäre und neogene Ablagerungen (dräniert oder Wässer mit Reduktionscharakter), 7 — Tone des Paläogens (Wasserstau), 8 — Sande, Sandstein mit nichtaushaltenden Tonzwischenlagen; 9 — Tone des Alb (Wasserstau), 10 — Sande, Sandsteine, mit nichtaushaltenden Tonzwischenlagen; 11 — Kalksteine, 12—13 — Wechsel tonig-aleurolitischer und sandiger Gesteine, 14 — obere klüftige Zone (alte Verwitterungsrinde) der Fundamentgesteine, 15 — Gesteine des Fundaments, 16 — Bruchstörungen, 17 — Grenzen der Druckwasserkomplexe des erdöl-erdgasführenden Beckens, 18 — Erdöl-Erdgas-Lager, 19 — Front zwischen Wässern mit Reduktions- und Oxydationscharakter; Grenze des erdöl-erdgasführenden Beckens im gegebenen Druckwasserkomplex; Übergang des wasserführenden in das Druckwassersystem; 20 — Bewegungsrichtung der Grundwässer; 21 — Niveau (Piezometer) der unterirdischen Wässer, 22 — Entspannungsherde der unterirdischen Druckwasserkomplexe: a — der terrigenen oberkretazischen, b — der terrigenen aptischen, c — der karbonatischen des Malms — Neokoms, d — der wechsellagernden tonig-aleurolitischen und sandigen Gesteine des mittleren Juras — Neokoms und der Verwitterungsrinde der Fundamentgesteine

Verhältnis zwischen dem rezenten Speisungsgebiet, dem Verbreitungsraum der druckwasserführenden Horizonte und dem Entlastungsbereich der unterirdischen Wässer charakterisiert ist. Die hydrogeologischen Provinzen der artesischen Becken können aneinandergrenzen oder einander überlagern (OWTSCHINNIKOW 1960).

Beispiele hierfür sind das Mittelkaspische artesische Vorgebirgsbecken, das Südkaspische intramontane Becken (Abb. 1) und das Nordkaspische Tafelbecken.

Die Wasserscheiden der unterirdischen Wässer und Oberflächenwässer im Bereich der randlichen Faltungszonen oder die höchsten Teile der begrabenen Strukturelemente sind Barrieren für die unterirdischen Wässer. Sie bilden die Grenzen zwischen den artesischen Becken und den benachbarten natürlichen Druckwassersystemen.

So grenzt z. B. das Mittelkaspische artesische Becken im Westen an das Asow-Kuban-Becken, im Norden an das Nordkaspische, im Nordosten an das Ustjurtische, im Osten an das Karakum- und im Süden an das Südkaspische artesische Becken. Die Grenze mit dem Südkaspischen Becken verläuft etwa entlang der Wasserscheide des Hauptkaukasus, die im wesentlichen auch der tektonischen Achse des Großen Kaukasus entspricht. Im Osten ist sie etwas nördlich der Apscheronhalbinsel und weiter entlang der begrabenen Apscheronschwelle zu suchen. Im Transkaspigebiet konnte sie im Bereich des Kuba-Dagh, des Gebirgsmassivs des Großen Balchan, festgestellt werden. Die Grenze mit dem Karakumbecken verläuft entlang dem zentralen Teil der höchsten tektonischen Erhebung Tuarkyra, entlang den begrabenen Erhebungen Kumsebschen und Kanaschor. Die Grenze mit dem Ustjurtbecken läßt sich über den axialen Teil der Mangyschlakwasserscheide hin verfolgen. Im östlichen Vorkaukasus ist das Mittelkaspische artesische Becken vom Nordkaspischen durch die höchsten Erhebungen der begrabenen Karpinskygebirgskette getrennt. Die westliche Grenze mit dem Asow-Kuban-Becken verläuft entlang den höchsten Erhebungen von Stawropol, dann entlang der Achse des Newinnomysker Antiklinoriums bis zum Vorsprung von Mineralowodsk und steigt schließlich zur Wasserscheide des Hauptkaukasus an (Abb. 1).

Die Grenzen des erdöl-erdgasführenden Beckens verlaufen in erster Annäherung am Fuße der Randfaltenzone des tektonischen Senkungsgebietes und entlang der Achse begrabener Barrieren, wo sie mit den Grenzen der artesischen Becken zusammenfallen. Im Bereich der begrabenen Apscheronschwelle, der Karpinsky- und Stawropolgebirgskette stimmen die Grenzen des Mittelkaspischen erdöl-erdgasführenden Beckens mit denen des artesischen Beckens überein.

Nördlich vom Hauptkaukasus und vom Großen Balchan, westlich vom Tuarkyra und südlich von Mangyschlak zeichnen sich die Grenzen entlang dem Fuße dieser Gebirge ab, wo die das erdöl-erdgasführende Becken aufbauenden Gesteinskomplexe unter die überlagernden Gesteinsformationen eintauchen.

Nicht zum erdöl-erdgasführenden Beckenbereich gehören die rezenten Speisungsgebiete und die aktiven Wasseraustauschzonen des artesischen Beckens.

Die Grenzen des Südkaspischen Beckens konnten 1958 im westlichen Turkmenien auf der Grundlage regionaler hydrogeologischer Untersuchungen festgestellt werden (BORSCHTSCHEWSKI 1960a, 1960b).

Die Nordgrenze des Südkaspischen artesischen Beckens verläuft entlang dem Kubadagh, da die oberjurassischen und neokomen Kalksteine, die dieses Gebirge aufbauen, nach Norden geneigt sind und die versickernden atmosphärischen Niederschläge entlang den Klüften und Schichtflächen nach Norden in das Mittelkaspische artesische Becken abziehen. Weiter östlich folgt die Grenze etwa der Antiklinalachse des Großen Balchan, die gleichzeitig die Wasserscheide der unterirdischen Druckwässer ist, dann der thermalen Zone des westlichen Kopetdagh — dem mächtigen Entspannungsbereich der artesischen Wässer im östlichen Südkaspischen artesischen Becken. Die Ostgrenze verläuft im allgemeinen südlich von Artschman-Nuchura. Sie folgt den höchsten tektonischen und hypsometrischen Höhen des Kopetdagh und des Aladagh-Binaludsk-Massivs. Die Südgrenze des artesischen Beckens zeichnet sich entlang dem zentralen Elbrusmassiv ab.

Im Ergebnis der Forschungen konnte festgestellt werden (BORSCHTSCHEWSKI 1960b), daß auf dem Territorium von Turkmenistan die Fläche des Südkaspischen erdöl-erdgasführenden Beckens um ein Vielfaches kleiner ist als das artesische Becken. Es ist bekannt, daß in der thermalen Zone des westlichen Kopetdagh vorwiegend süße, seltener mineralische Warmwässer in Mengen zutage treten, die nach dem Ergebnis von Untersuchungen das Ausmaß der örtlichen Speisung aus den schmalen Vorgebirgszügen bei weitem übersteigen. Unter der tertiären Gesteinsfolge, in den mesozoischen wasserführenden Komplexen des westlichen Kopetdagh konnte eine aktive Wasseraustauschzone des artesischen Beckens festgestellt werden. In den mesozoischen wasserführenden Horizonten und Gesteinskomplexen, in denen über lange geologische Zeiten hinweg ein aktiver Wasseraustausch vorherrschend war, sowie in den dränierten tertiären wasserführenden Horizonten können also keine Erdöl-Erdgas-Akkumulationen vorkommen. Die Ostgrenze des erdöl-erdgasführenden Beckens verläuft daher etwa entlang dem Meridian 54° 45′. Hier wird nach den Daten der Elektroschürfung (Gumarow u. a.) eine schroffe Zunahme des scheinbaren Widerstandes vermerkt, hervorgerufen durch die rasche Mineralisationsabnahme der unterirdischen Wässer.

Aus diesen Beispielen, wie aus der Übersichtskarte (Abb. 1) ist zu ersehen, daß die Termini „erdöl-erdgasführendes Becken" und „artesisches Becken" in enger Verbindung miteinander stehen. Ein erdöl-erdgasführendes Becken ist demnach als Teil eines artesischen Beckens aufzufassen (Abb. 2). Es umfaßt meist dessen inneren, zentralen Teil, d. h. den Teil seines Territoriums, häufig auch Aquatoriums, in dem Erdöl-Erdgas-Zonen und -Muttergesteinsfolgen bekannt sind oder nach der Gesamtheit der geologischen und hydrogeologischen Verhältnisse vermutet werden können. Ein erdöl-erdgasführendes Becken schließt die rezenten Infiltrationsbereiche, die Zonen der Druckerzeugung, die Speisungsgebiete wasserführender Horizonte oder Gebiete mit süßen oder salzhaltigen Oxydationswässern aus. In den Verbreitungsräumen der Druckwasserhorizonte artesischer Becken, in denen der aktive Wasseraustausch zurückgeht, können Erdöl- und Erdgaslager nur in außergewöhnlichen Fällen entstehen und erhalten bleiben. Die Erdöl- und Erdgaslager treten dort auf, wo die Wässer der Druckwasserhorizonte Reduktionsgase enthalten. Günstig für die Suche nach Erdöl- und Erdgaslagern sind auch die rezenten und alten Abflußgebiete und die Entspannungsbereiche der mineralischen artesischen Reduktionswässer. So sind zum Beispiel die Lagerstätten Tscheleken und Nebitdagh mit sichtbaren und verborgenen, die Lagerstätten Kotur-Tepe und Kumdagh mit verdeckten und alten Entspannungsherden der unterirdischen Wässer verknüpft (Borschtschewski 1960b). Mit ähnlichen Entspannungsherden sind die wiederentdeckten Lagerstätten Turkmeniens — Okarem und Kamyschl-Dsha — sowie die Lagerstätten Neftjanye Kamni und viele andere Lagerstätten des westlichen Teils des Südkaspischen erdöl-erdgasführenden Beckens in Aserbaidshan verbunden.

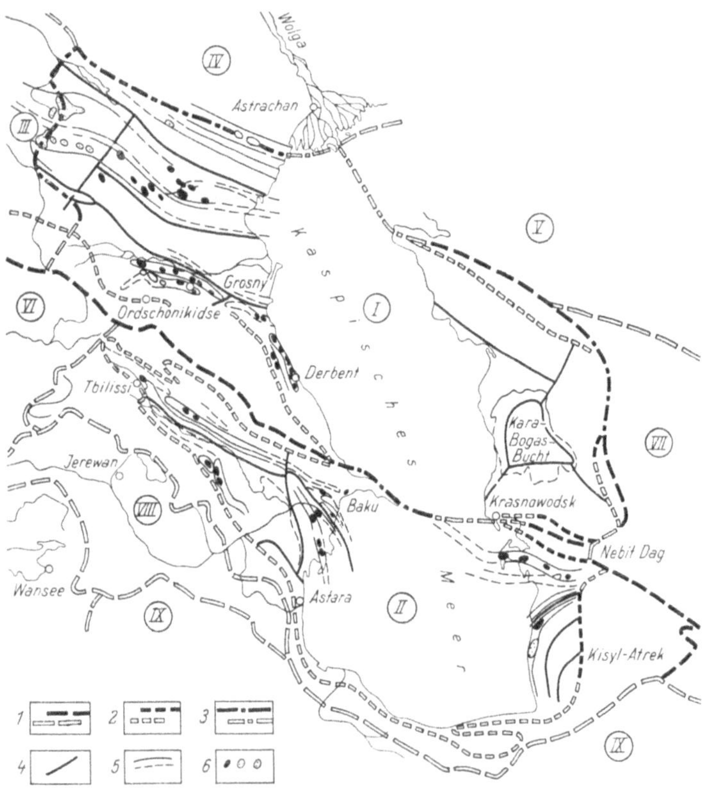

Abb. 2. Schematische Darstellung der Beziehungen zwischen erdöl-erdgasführenden und artesischen Becken

1 — die Grenzen des Mittelkaspischen und Südkaspischen artesischen Beckens und der angrenzenden natürlichen Wasserdrucksysteme; a — festgestellte; b — vermutete; 2 — die Grenzen des Mittelkaspischen und Südkaspischen Erdöl-Erdgas-Beckens nach dem am weitesten verbreiteten Druckwasserkomplex; a — festgestellte; b — vermutete; 3 — innerhalb begrabener Barrieren zusammenfallende Grenzen der artesischen und erdöl-erdgasführenden Becken; a — festgestellte; b — vermutete; 4 — die Grenzen der Erdöl-Erdgas-Gebiete; 5 — die Grenzen der antiklinalen Erdölakkumulationszonen; a — festgestellte; b — e mutmaßliche; 6 — größte Lagerstätten; a — Erdöl-, b — Erdgas-, c — Erdöllagerstätten mit Gaskappe

I — Mittelkaspisches artesisches und erdöl-erdgasführendes Becken, II — das Südkaspische artesische und erdöl-erdgasführende Becken, III — das Asow-Kuban-Becken, IV — das Nordkaspische Becken, V — das Ustjurtsker Becken, VI — das Ostschwarzmeerbecken, VII — das Karakumbecken, VIII — das Araksinssker natürliche Druckwassersystem mit vorwiegender Verbreitung von Kluftwässsern, IX — das Iraner Becken

In den erdöl- und erdgasführenden Bekken stehen mit einer ganzen Reihe von wasserführenden Komplexen auch regional erdöl- erdgasführende Folgen in Zusammenhang oder werden vermutet.

Wir schlagen deshalb vor, Serien, die in einem erdöl-erdgasführenden Becken unterirdische Druckwässer enthalten, als **Druckwasserkomplex** zu bezeichnen. Die wasserführenden Komplexe eines artesischen Beckens lassen sich über das ganze von ihm eingenommene Territorium oder über Teile von ihm verfolgen, einschließlich der rezenten Speisungsgebiete. Die Druckwasserkomplexe dagegen sind nur innerhalb des erdöl-erdgasführenden Bekkens verbreitet, d. h., dort, wo die Erdöl-Erdgas-Sammeldistrikte liegen, sind auch Erdöl- und Erdgasakkumulationen möglich. Die Speisungsgebiete und die aktiven Wasseraustauschzonen enthalten Oxydationswässer.

Der Druckwasserkomplex ist demnach ein Teil des wasserführenden Komplexes eines artesischen Beckens. Man versteht also unter Druckwasserkomplex eines erdöl-erdgasführenden Beckens den Teil des entsprechenden wasserführenden Komplexes eines artesischen Beckens, der Druckwässer mit Reduktionscharakter enthält (Abb. 2).

So können in Westturkmenien innerhalb des erdöl-erdgasführenden Beckens in Tiefen, die der Forschung noch zugänglich sind, der Apscheron-, Aktschagyl- und der rote Druckwasserkomplex ausgeschieden werden.

Die Druckwasserkomplexe sind aus relativ gleichartigen lithologisch-stratigraphischen Gesteinskomplexen aufgebaut. Ein und dieselbe stratigraphische Folge umfaßt oft mehrere Druckwasserkomplexe. Es kann aber auch ein Druckwasserkomplex Gesteinsserien unterschiedlicher stratigraphischer Horizonte miteinander verbinden. Mehrere übereinanderlagernde, häufig gleichaltrige natürliche Reservoire bilden einen Druckwasserkomplex, wenn diese kommunizieren und schwach durchlässige Scheiden entweder fehlen oder aber geringmächtig sind und nur eine begrenzte Ausdehnung haben. Beispiel für einen aus verschiedenen Horizonten bestehenden Druckwasserkomplex ist der über das gesamte Mittelkaspische erdöl-erdgasführende Becken verbreitete terrigene kretazische Gesteinskomplex. Er umfaßt die Ablagerungen des Apt, Alb und Cenoman. Hierher gehören auch die terrigenen Hauterive- und Barrême-Ablagerungen des Kaukasusnordhangs und die terrigenen Neokom-Ablagerungen der östlichen Vorkaukasustafel. Auf seiner gesamten Erstreckung, einschließlich des Transkarabogasgebiets, besteht dieser Komplex aus einem Wechsel tonig-aleurolitischer und sandiger Gesteine.

Beispiel für einen Druckwasserkomplex, der nicht nur Gesteine unterschiedlichen Alters, sondern auch lithologisch sehr verschiedene Gesteine vereinigt, ist der jurassische terrigene Komplex des Transkarabogas. Hier sind selbst klüftige Gesteine der alten Verwitterungsrinde vertreten.

Ein Druckwasserkomplex ist also eine Gesteinsfolge, zu deren Bestand natürliche Reservoire unterirdischer Druckwässer gehören. Diese Druckwasserkomplexe sind das Medium, in dem die Prozesse der Herausbildung von Erdöl- und Erdgaslagern ablaufen. Wird das Gleichgewicht Wasser-Erdöl-Erdgas-Lager gestört, kann es zur Zerstörung der Lagerstätte kommen.

Kriterium für das Abgrenzen eines Druckwasserkomplexes sind die stark unterschiedlichen Filtrationseigenschaften der Speichergesteine und das Fehlen eines deutlich ausgeprägten hydraulischen Zusammenhanges zwischen dem gegebenen und den angrenzenden Druckwasserkomplexen. Hieraus erklärt sich der wesentliche Unterschied ihrer hydrodynamischen und hydrochemischen Charakteristik.

Auf den ersten Etappen der Erforschung der erdöl-erdgasführenden Becken können, wenn die erforderlichen hydrodynamischen und hydrochemischen Daten fehlen, die Druckwasserhorizonte auf der Grundlage der hydrologischen Analyse des artesischen Beckens mit Hilfe von regionalen lithologisch-stratigraphischen Quer- und Längsschnitten ausgeschieden werden.

Die obendargelegten Überlegungen ermöglichen es, von der Hydrogeologie her den Begriff erdöl-erdgasführendes Becken zu präzisieren und folgende Definition zu geben.

Ein erdöl-erdgasführendes Becken ist der zentrale Teil eines artesischen Beckens, das aus mächtigen sedimentären Gesteinsfolgen besteht, Druckwasserkomplexe reduzierenden Charakters und mit solchen verknüpfte Erdöl- und Erdgaslager enthält, welche Lagerstätten und Erdöl-Erdgas-Zonen bilden.

Hydrogeologisch sind erdöl-erdgasführende Becken durch den Druck, die Bewegungsrichtung der Wässer, die Entspannungsverhältnisse der unterirdischen Wässer und eine bestimmte hydrochemische Zonarität des artesischen Beckens charakterisiert. Um die hydrogeologischen Gesetzmäßigkeiten eines jeden Druckwasserkomplexes und erdöl-erdgasführenden Beckens feststellen zu können, ist daher die hydrogeologische Erforschung dieser Komplexe eine unbedingte Notwendigkeit. Die einzelnen Elemente des artesischen Beckens sind deshalb in unterschiedlichem Maße mehr oder weniger eingehend zu untersuchen. Am intensivsten sind die bekannten und mutmaßlichen erdöl-erdgasführenden Zonen zu erforschen. Regional werden die Druckwasserkomplexe auf dem übrigen Territorium des erdöl-erdgasführenden Beckens untersucht. Weniger umfangreiche, aber zielgerichtete Arbeiten sind in den rezenten Speisungsgebieten und in den aktiven Wasseraustauschzonen des artesischen Beckens anzusetzen.

Die Erforschung der artesischen und erdöl-erdgasführenden Becken in ihren natürlich-historischen Grenzen ermöglicht es, die Grenzen der möglichen erdöl-erdgasführenden Territorien festzulegen und die Hauptrichtung der geologischen Sucharbeiten auf Erdöl und Erdgas zu bestimmen. Die Zusammenfassung von detaillierter Erforschung und breit angelegter regionaler Untersuchung wird helfen, mächtige Erdöl- und Erdgaslagerstätten bereits auf den ersten Etappen der geologischen Such- und Schürfarbeiten zu entdecken. Der ökonomische Nutzeffekt ist bedeutend.

Literatur

BORSCHTSCHEWSKI, G. A.: Hydrogeologische Forschungen auf Erdöl und Erdgas im Komplex mit geologischen Such- und Erkundungsarbeiten. „Die Perspektiven der Erdöl-Erdgas-Führung und die Richtung der geologischen Erkundungsarbeiten in den westlichen Gebieten Mittelasiens." — Gostoptechisdat (1960a).

— Hydrogeologische Verhältnisse. Aus dem Buch von A. A. GEODEKJAN W. W. DENISSEWITSCH, A. I. ANZYFOROW, G. A. BORSCHTSCHEWSKI u. a. „Der geologische Bau und die Erdöl-Erdgas-Führung der Erhebungszone des Balchan". — Verl. Akad. Wiss. UdSSR (1960b).

BROD, I. O.: Die erdöl-erdgasführenden Becken und die Erdöl-Erdgas-sammelzonen. Aus: I. O. BROD & N. A. JEREMENKO „Grundlagen der Erdöl- und Erdgasgeologie". Veröff. Moskauer Univ., 1953.

— Die theoretischen Voraussetzungen für die Suche neuer Erdöl-Erdgas-Gebiete der UdSSR. — Sowjetgeologie, 47 (1955).

— Prinzipien der Klassifikation von Erdöl-Erdgas-Akkumulationen (Lager, Lagerstätten und Erdöl-Erdgas-Zonen). — Referat auf dem XX. Geologenkongreß, Mexiko, September 1956. Materialien zur Erdölgeologie, Bd. 1, Gostoptechisdat (1959).

— Diagnostische Anzeichen der Bitumen- und Erdöl-Erdgas-Bildung. — Z. angew. Geol., 6, 63—66 (1960).

KORZENSCHTEIN, W. N.: Die Hydrogeologie der erdgasführenden Provinz des zentralen Vorkaukasus. — Gostoptechisdat (1960).

KROTOWA, W. A.: Die Wolga-Ural-Erdölprovinz. Hydrogeologie. — Arbeiten des WNIGRI, N. S., Ausg. 94, Gostoptechisdat (1956).

OWTSCHINNIKOW, A. M.: Über die geothermische Erforschung von Lagerstätten mineralischer Wässer. Sammelband „Probleme der Geothermie", Bd. 1, Arbeiten der ersten Beratung über Fragen der Geothermie, 1956. — Ausg. Akad. Wiss. UdSSR (1959).

— Die Hauptprinzipien der hydrogeologischen Rayonierung. Sammelband „Probleme der Hydrogeologie". — Vorträge zum Kongreß der internationalen Hydrogeologenvereinigung, Gosgeoltechisdat (1960).

Über die Bestimmung des Klüftigkeitsfaktors nach den Druckausgleichskurven[1]

F. I. KOTJACHOW, UdSSR

Bei der Untersuchung eines klüftigen Speichergesteins ist es von Interesse, die Kluftpermeabilität K_k, den Klüftigkeitsfaktor m_k und die Kluftweite (Klaffung) b zu bestimmen.

Für eine ideale Bohrung, deren Radius R_s genau bestimmt werden kann, läßt sich zur Beurteilung der hydrodynamischen Eigenschaften einer klüftigen Schicht, in der die Flüssigkeitsbewegungen nur über die Klüfte erfolgten, folgende Formel anwenden:

$$\Delta P_s = \frac{Q\mu}{4\pi K_k h} \ln \frac{2{,}25\,\varkappa t}{R_s^2} \qquad (1)$$

wo ΔP_s — die Veränderung des Sohlendrucks der Erregungsbohrung in at; Q — die Ölabgabe des Bohrlochs im Moment der Inbetriebnahme oder Stillegung der Bohrung in cm^3/sec; μ — die Viskosität der Flüssigkeit in Centipoise; k_k — die Permeabilität der Schicht, bedingt durch ihre Klüftigkeit, in Darcy; h — die Schichtmächtigkeit in cm; $\varkappa$ — der Koeffizient der Piezoleitfähigkeit in cm^2/sec; t — die Zeit vom Moment der Stilllegung oder Inbetriebnahme der Bohrung in sec; R_s — der Bohrlochradius in cm ist.

Formel (1) kann auch so dargestellt werden:

$$\Delta P_s = \frac{Q\mu}{4\pi K_k h} \ln \frac{2{,}25\,\varkappa}{R_s^2} + \frac{Q\mu}{4\pi K_k h} \ln t \qquad (2)$$

Aus Formel (1) und (2) ist leicht zu erkennen, daß die Änderung des Sohlendrucks eine lineare Funktion des Zeitlogarithmus t ist. Folglich, trägt man in einem rechtwinkligen Koordinatensystem auf der Ordinate den Sohlendruck P_s oder ΔP_s auf, auf der Abszisse den Zeitlogarithmus, so wird die funktionelle Abhängigkeit $\Delta P_s = f(\ln t)$ als Gerade dargestellt, die die Ordinatenachse in Höhe A schneidet (siehe Abb.). Die Neigung i des geradlinigen Kurvenabschnitts, d. h. der Tangens des Neigungswinkels φ zur Abszissenachse, ist nach Formel (2) gleich:

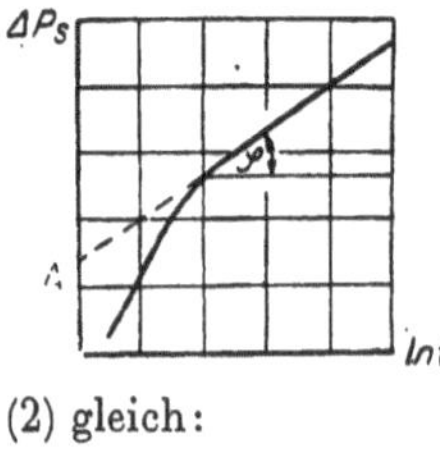

$$i = \mathrm{tg}\,\varphi = Q\mu/4\pi K_k h \qquad (3)$$

i wird graphisch bestimmt; sind auch die übrigen zur Formel (3) gehörenden Parameter bekannt, so kann K_k bestimmt werden.

$$K_k = Q\mu/4\pi h \qquad (4)$$

Den durch die Verlängerung des geradlinigen Teils der abgewandelten Druckausgleichskurve von der Ordinate abgetrennten Abschnitt A bestimmen wir, entsprechend Formel (2), aus dem Ausdruck:

$$A = \frac{Q\mu}{4\pi h K_k} \ln \frac{2{,}25\,\varkappa}{R_s^2} \qquad (5)$$

Hieraus folgt:

$$\ln \frac{2{,}25\,\varkappa}{R_s^2} = \frac{4\pi h K_k A}{Q\mu} \qquad (6)$$

Wird Formel (6) bezüglich $\varkappa$ aufgelöst, erhalten wir

$$\varkappa = \frac{R_s^2}{2{,}25}\, e^{\frac{4\pi h K_k \cdot A}{Q\mu}} \qquad (7)$$

Bei einer unvollkommenen Bohrung wird es bequemer sein, die obenangeführten Parameter nach der Methode[2]) zu bestimmen, die darauf beruht, daß in Logarithmenkoordinaten alle Druckausgleichskurven gleich sind und sich nur in Abhängigkeit von $K_k h/\mu$, $\varkappa$, Q und r (Entfernung zwischen Injektionsbohrung und Meßsonde) in der einen oder anderen Richtung entlang den Koordinatenachsen verlagern. Eine Veränderung der Parameter $\varkappa$ und r bedingt bei sonst gleichen Verhältnissen eine Parallelverlagerung der Kurve entlang der Abszisse (lgt). Ändern sich $K_k h/\mu$ und Q, so geschieht eine Verlagerung entlang der Ordinate.

Für die Einzelparameter Q, r, $\varkappa$ und $K_k h/\mu$ genügt also eine Eich- oder Normalkurve, die mit der tatsächlichen Kurve, die ebenfalls in logarithmischen Koordinaten und mit dem gleichen Maßstab aufgetragen ist, verglichen wird; so kann man die Verlagerung längs der Abszisse α und der Ordinate β bestimmen und danach $\varkappa$ und $K_k h/\mu$ zwischen zwei Bohrungen.

$$\varkappa = \alpha\varkappa_0 \frac{r^2}{r_0^2}\,; \quad \frac{K_k h}{\mu} = \beta \frac{K_{k0} h_0}{\mu_0} \frac{Q}{Q_0} \qquad (8)$$

wo $\varkappa_0$, r_0, K_{k0}, μ_0, Q_0 — die Parameter der Eichkurve sind.

Für die Eichkurve[3]) gilt die Formel

$$\Delta P_s = \frac{Q\mu}{4\pi K_k h}\left[-\mathrm{Ei}\left(-\frac{r^2}{4\varkappa t}\right)\right] \qquad (9)$$

Hier ist ΔP_s — die Veränderung des Sohlendrucks in der Aufnahmesonde in der Zeit t, at, Q — die Ergiebigkeit der Injektionssonde bis zur Stillegung oder Inbetriebnahme, cm^3/sec; r — die Entfernung zwischen den Bohrungen, cm; die anderen Bezeichnungen sind die gleichen wie in den vorangegangenen Formeln.

Hat man nach der einen oder anderen Methode $\varkappa$ und K_k bestimmt, so kann man den Kompressibilitätskoeffizienten der Schicht ermitteln. Das geschicht nach der Beziehung

$$\beta^* = K_k/\mu\varkappa \qquad (10)$$

in Anwendung auf poröse Schichten kann dieser Koeffizient auch so geschrieben werden:

$$\beta^* = m\beta_{Fl} + \beta_G \qquad (11)$$

---

[1]) Aus: „Geologija nefti i gasa“, Nr. 6, 1962, S. 28–31. Übers.: H. QUANDT. Redaktionell bearbeitet: H. SAUPE

[2]) BORISSOW, J. P. & W. N. WASSILJEWSKI: Der Zustand der Bohrfelduntersuchungen und Wege ihrer Verbesserung. Erfahrungen beim Abbau von Erdöllagerstätten. Arbeiten der Allunionsberatung der Arbeiter der Erdölindustrie, Kuibyschew, 1956, Gostoptechisdat, 1957.

[3]) $\mathrm{Ei}(-x) = -\int_x^{\infty} \frac{e^{-u}}{u}\,du$ für $x > 0$

wo β_{Fl} — der Kompressibilitätskoeffizient der Flüssigkeit, 1/at; β_G — der Kompressibilitätskoeffizient des Gesteins, der das Verhältnis zwischen dem Porenvolumen und dem Gesteinsvolumen bei einer Druckänderung von 1/at ausdrückt; m — der Koeffizient der absoluten Schichtdurchlässigkeit ist.

Für klüftige Speichergesteine, wo die Flüssigkeit nur entlang den Klüften zum Bohrloch strebt, ist Formel (11) nicht brauchbar, da die Schichtkompressibilität in diesem Falle auch von der Klüftigkeit der Gesteine abhängt.

Der Kompressibilitätsfaktor ist hier gleich

$$\beta_{GK} = \frac{\Delta V_p + \Delta V_K}{V \Delta P} \qquad (12)$$

wo ΔV_p und ΔV_k — der Zuwachs des Kluft- und Porenvolumens bei Druckänderung um 1 at; V — das Gesteinsvolumen ist.

Mit anderen Worten, in diesem Falle wird der Kompressibilitätskoeffizient des Gesteins durch jenen der Gesteinsporen bestimmt, d. h. $\beta_G = \Delta V_p/V \Delta P$ und den durch die Klüftigkeit bestimmten $\beta_k = \Delta V_k/V \Delta P$ (13). Erinnern wir uns, daß der Klüftigkeitsfaktor m_k gleich $m_k = V_k/V$ ist. Dann kann β_k auch so ausgedrückt werden:

$$\beta_{Gk} = \beta_G + m_k \beta'_k \qquad (14)$$

wobei β_k' — der Koeffizient der Kluftkompressibilität ist; er ist gleich

$$\Delta V_k/V_k \Delta P$$

Da aber nicht nur die Klüfte, sondern auch die Porenräume Flüssigkeiten enthalten, muß der erste Summand der Formel (11) gleich

$$\beta_{Fl} (m + m_k) \quad \text{sein.}$$

Der Kompressibilitätsfaktor einer Schicht ist demnach für klüftige Speichergesteine gleich

$$\beta^* = (m + m_k) \beta_{Fl} + \beta_G + m_k \beta_k' \qquad (15)$$

Löst man Gleichung (15) in bezug auf m_k, so erhält man

$$m_k = \frac{\beta^* - m\beta_{Fl} - \beta_G}{\beta_{Fl} + \beta_k'} \qquad (16)$$

Wenn die Gesteinsporen, in denen sich keine Fluida bewegen, Erdöl und Wasser enthalten, die Klüfte dagegen nur Erdöl, so muß strenggenommen $m\beta_{Fl}$ so aussehen:

$$m (1 - \sigma) \beta_{Erdöl} + m\sigma\beta_{Wasser}$$

und Formel (16) entsprechend

$$m_k = \frac{\beta^* - m (1 - \sigma) \beta_{Erdöl} - m\sigma\beta_W - \beta_G}{\beta_{Erdöl} + \beta_k'} \qquad (17)$$

wobei σ — der Wassersättigungsfaktor, Bruchteile von eins; $\beta_{Erdöl}$ und β_{Wasser} — die Kompressibilitätsfaktoren von Erdöl und Wasser, 1/atm sind.

Der Elastizitätsfaktor der Schicht β^* wird aus Formel (10) nach dem obendargelegten Verfahren bestimmt; m, β_E, β_W, β_G — durch entsprechende Laboruntersuchungen an Schichtflüssigkeiten und Kernen poröser Speichergesteine. Um m_k nach Formel (16) oder (17) bestimmen zu können, muß erst β_k' — der Kompressibilitätsfaktor der Klüfte, ermittelt werden.

Aus dem Obendargelegten wird deutlich, daß β_k' durch den Grad der Veränderung des Kluftvolumens bei Änderung des Schichtdrucks um 1 atm bestimmt ist.

Eine solche Änderung des Kluftvolumens muß sich auf die Form der Indikatorkurven auswirken, die man bei Förder- und Injektionsbohrungen erhält. In Förderbohrungen wird infolge Depressionssteigerung das Kluftvolumen kleiner und die Indikatorkurve in Richtung der Ergiebigkeitsachse konvex. Für Injektionsbohrungen gilt der umgekehrte Vorgang, und die Kurve nimmt eine konkave Form an. Dies wird durch die Forschungsergebnisse von F. S. ABDULIN bestätigt, der das Verhalten von Injektionsbohrungen auf der Tujmasy-Lagerstätte studierte.[4]) Diese Arbeiten zeigten, daß im Maße des Druckanstiegs die Kurven immer konkaver werden.

In diesem Zusammenhang ist es wichtig zu klären, welche Veränderungen des Klufthabitus mit Änderung des Schichtdrucks eine Volumenvergrößerung oder Minderung desselben bewirken.

Von allen Kluftabmessungen, d. h. Länge l, Breite a und Weite b, hat die Weite (Klaffung) b den größten Einfluß auf den Flüssigkeitsverbrauch.

Wie bekannt, ist der Flüssigkeitsverbrauch einer rechteckigen Kluft direkt proportional zur Breite, dem Kubus der Weite und umgekehrt proportional zur Länge.

Es muß also selbst bei gleichen relativen Kluftdeformationen, hervorgerufen durch die Änderung des Schichtdrucks, die Änderung der Kluftweite den größten Einfluß auf den Flüssigkeitsverbrauch haben. Der Grad der Beeinflussung des Klufthabitus durch den Druck ist in Wirklichkeit recht unterschiedlich; am veränderlichsten ist die Kluftweite. Dies wird gleichfalls durch die obenerwähnten Forschungen von F. S. ABDULIN bestätigt, der feststellte, daß sich nach der Sandeinpressung der Koeffizient der Aufnahmebereitschaft nicht ändert, da der Sand das Zusammendrücken der Klüfte bei Druckabfall verhindert. Der Kompressibilitätsfaktor der Klüfte kann angenähert als gleich $\frac{\Delta b}{b \Delta P}$ angenommen werden.

Diesen Umstand berücksichtigend, sollte man versuchen, den Kompressibilitätsfaktor β_K nach den Ergebnissen der Bohrlochuntersuchungen bei eingeregelter Flüssigkeitsentnahme oder Einpumpen von Flüssigkeit in die Schicht zu bestimmen. Ein solcher Weg ist offenbar realer als die Laboruntersuchung, schließt deren Nützlichkeit jedoch keineswegs aus.

Wie bekannt, ist[5])

$$K_k = 82 \cdot 10^5 \, m_k b^2 \qquad (18)$$

wo K_k in Darcy; b in cm ausgedrückt ist.

$$m_k = \frac{an\,bl}{Fl} = \frac{an\,b}{F} = Sb \qquad (19)$$

wobei S — der Dichtigkeitsfaktor der Klüfte in 1/cm; F — die Filtrationsfläche in cm³; l, a, b — entsprechend Länge, Breite und Weite der Klüfte in cm; n — die Zahl der Klüfte sind.

$$K_k = 82 \cdot 10^5 \, Sb^3 \qquad (20)$$

hieraus

---

[4]) ABDULIN, F. S.: Die Aufspaltung der Gesteine der devonischen produktiven Schicht bei Fluten außerhalb der Konturen der Erdölführung. „Die Erdölwirtschaft", Nr. 1, 1958.

[5]) KOTJACHOW, F. S.: Grundlagen der Physik der Erdölschichten. — Gostoptechisdat, 1956.

$$b = \sqrt[3]{\frac{K_k}{82 \cdot 10^5 S}} \quad (21)$$

Verändert sich die Klufthöhe, so haben wir b' und eine durch die Klüftigkeit K_k' bedingte Durchlässigkeit. Formel (21) sieht dann so aus:

$$b' = \sqrt[3]{\frac{K_k'}{82 \cdot 10^5 S}} \quad (21^*)$$

Mit Hilfe der Formeln (21) und (21*) erhalten wir den Ausdruck für β_k':

$$\beta_K' = \frac{b' - b}{b \Delta P} = \frac{\sqrt[3]{K_k'} - \sqrt[3]{K_k}}{\sqrt[3]{K_k}\, \Delta P} \quad (22)$$

Berücksichtigt man die direkte Abhängigkeit zwischen Produktivität der Bohrung und Durchlässigkeit der Schicht, kann Formel (22) auch so dargestellt werden:

$$\beta_k' = \frac{\sqrt[3]{\eta_k'} - \sqrt[3]{\eta_k}}{\sqrt[3]{\eta_k}\, \Delta P} \quad (23)$$

wobei η_k und η_k' die Koeffizienten[6]) der Aufnahmebereitschaft einer Injektionsbohrung vor und nach Änderung des Drucks in der Schicht um die Größe Δ P. Für Förderbohrungen entspricht dies den Produktivitätsfaktoren η_k' — vor der Druckänderung und η_k — nach Druckänderung, und im Nenner von Formel (23) muß η_k' stehen.[7]) Setzen wir in Formel (16) oder (17) die Größe β_k' ein, die nach Formel (23) bestimmt wurde, so erhalten wir den Klüftigkeitsfaktor m_k im Umkreis der Bohrung.

Errechnet man danach nach den Produktivitätsfaktoren die Permeabilität, die durch die Klüftigkeit bestimmt ist, kann man aus Formel (19) die mittlere Kluftweite ermitteln. Die obendargelegten Überlegungen beweisen also die prinzipielle Möglichkeit der Bestimmung des Klüftigkeitsfaktors nach den Druckausgleichskurven ohne Tiefenphotographie.

Es ist zu erwarten, daß der Kompressibilitätsfaktor β_k' vom Druck abhängt und folglich auch Δ P. Er kann auch gleich Null sein. Es ist also ohne Zweifel von Interesse, seine Größe in Abhängigkeit vom jeweiligen Druck zu erforschen. Das Obendargelegte läßt sich in gewisser Annäherung auch auf Lager anwenden, wo sich die Fluida nicht nur in den Klüften, sondern auch im Porenraum bewegen. Die zu den Formeln (15), (16), (17) und (21) gehörenden Parameter bleiben in diesem Falle dieselben, eine Ausnahme bildet die Durchlässigkeit und die Piezoleitfähigkeit, da beide Werte nicht nur von der Klüftigkeit, sondern auch von den vorhandenen Poren abhängen.

Ist nach den Kernanalysen die Durchlässigkeit des porösen Teils der Schicht K_p bekannt und nach den abgewandelten Druckausgleichskurven die Gesamtdurchlässigkeit der Schicht K_s, so ist die durch die Klüftigkeit bestimmte Durchlässigkeit K_k:

$$K_k = K_s - K_p \quad (24)$$

Ist K_k aus (24) bekannt und m_k aus (16) oder (17) errechnet, kann man durch Lösung der Formel (18) die mittlere Kluftweite b bestimmen.

Das Dargelegte sowie Formel (10) berücksichtigend, finden wir den Koeffizienten der Piezoleitfähigkeit $\varkappa_k$, der durch die Klüftigkeit des Speichergesteins bedingt ist, aus dem Ausdruck:

$$\varkappa_k = \frac{K_k}{K_s} \varkappa_s \quad (25)$$

wobei $\varkappa_s$ — die Piezoleitfähigkeit der Schicht ist, bedingt durch die Summe der Klüfte und Poren.[8])

Zum Schluß sei vermerkt, daß wir den Kompressibilitätsfaktor β_k' nach Bohrfelddaten nach der obendargelegten Methode bestimmten. Wir bedienten uns dazu der von F. S. ABDULIN für die Bohrungen 11, 514 und 540 der Tuimasy-neft gewonnenen Ergebnisse der hydrodynamischen Untersuchungen. Diese Bohrungen schließen den porös-klüftigen Teil der Schicht D_1 auf. Es standen Druckausgleichskurven, Leistungskurven und Daten über die Durchlässigkeit der Schicht nach Kernproben zur Verfügung.

Mit Hilfe von Formel (3) und (4) wurde nach den Druckausgleichskurven die Durchlässigkeit des „entfernten" Schichtteils bestimmt, die bedingt ist durch das Vorhandensein von Poren und Klüften (K_s). Danach bestimmten wir nach K_s und der Kerndurchlässigkeit K_p nach Formel (24) die durch die Klüftigkeit bedingte Schichtdurchlässigkeit.

Berücksichtigt man, daß

$$\frac{\eta_k}{\eta_s} = \frac{K_k}{K_s} \quad \text{ist,} \quad (26)$$

wobei η_s — der Koeffizient der Gesamtproduktivität im geradlinigen Abschnitt der Leistungskurve ist, bedingt durch die vorhandenen Klüfte und Poren, kann man aus der Gleichung (26) für den geradlinigen Abschnitt der Leistungskurve den Produktivitätsfaktor η_k ermitteln, der mit der Klüftigkeit der Schicht zusammenhängt.

Die Leistungskurven für die angeführten Injektionsbohrungen waren konkav zur Ergiebigkeitsachse angeordnet, d. h., mit der Zunahme des Kopfdrucks stieg der Produktivitätsfaktor. Für einen jeden Punkt des geradlinigen Abschnitts der Leistungskurve wurde aus der Differenz folgender Größen bestimmt:

$$\eta_k' = \eta_s' - \eta_p' = \eta_s' - (\eta_s - \eta_K) \quad (27)$$

wobei η_s' — der summare Koeffizient der Produktivität auf dem krummlinigen Abschnitt der Leistungskurve ist; er hängt mit den Poren und Klüften zusammen; η_p' — der Produktivitätsfaktor, der durch die Poren bedingt ist; er wurde für alle Abschnitte der Leistungskurve als konstant angenommen.

Hat man auf diese Weise η_k und η_k' ermittelt, ist nach Formel (23) der Kompressibilitätsfaktor β_k' zu berechnen. Man nahm dabei Δ P als Differenz zwischen den Drücken am Anfang des geradlinigen Abschnitts der Leistungskurve und am zu untersuchenden Punkt auf dieser Kurve an — η_k'.

Im Ergebnis solcher Berechnungen konnte erstmalig festgestellt werden, daß für Bohrung 514 $\beta_k' = 3{,}8 \cdot 10^{-2}$, für Bohrung 11 $\beta_k' = 1{,}2 \cdot 10^{-2}$ und für Bohrung 540

[6]) η_k wird bestimmt nach dem geradlinigen Abschnitt der Leistungskurve.

[7]) In diesem Falle wird η_k nach dem geradlinigen Ab hn itt der Kurve ermittelt.

[8]) Die Genauigkeit von $\varkappa$ und $\frac{K\,h}{\mu}$ ist in diesem Fall dieselbe wie bei hydrodynamischen Berechnungen, die bei der Projektierung der Lagerstätte vorgenommen werden.

$\beta_k' = 4{,}4 \cdot 10^{-2}$ ist. Weiter wurde festgestellt, daß β_k' in diesen Bohrungen nicht von Δ P abhängt.

Die hier angeführten Daten sind von erheblichem Interesse, da sie zeigen, daß der Kompressibilitätsfaktor für die Klüfte etwa dreimal so hoch ist wie für Fluida und poröse Medien. Er muß daher nicht nur bei rein klüftigen, sondern auch bei porös-klüftigen Speichergesteinen berücksichtigt werden. Außerdem zeugen diese Daten von der prinzipiellen Möglichkeit und Zweckmäßigkeit der Bestimmung von β_k' nach Bohrfelddaten.

Der Klüftigkeitsfaktor m_k konnte nach diesen Daten nicht ermittelt werden, da die Untersuchung der Bohrung auf dem „Selbstabhören" basiert, was bei der hydrodynamischen Unvollkommenheit der Bohrungen nicht ausreicht, um den Koeffizienten der Piezoleitfähigkeit $\varkappa_k$ nach der obendargelegten Methodik zu bestimmen. Eine endgültige Entscheidung über die praktische Anwendbarkeit der hier dargelegten Methode kann natürlich erst nach sorgfältiger Prüfung im Bohrfeld getroffen werden.

Zur Verbreitung des Kalisalzflözes Staßfurt (K2) im östlichen Mitteleuropa[1)]

Joachim Löffler, Halle (Saale)

(Mitteilung aus dem VEB Geologische Erkundung West, Halle)

Vorbemerkungen

Die zunehmende Erhöhung der Kaliproduktion und die geplante Verstärkung der Erkundung auf Kalisalze in der DDR machen es notwendig, neue höffige Gebiete vorherzusagen, die eine gerichtete, erfolgversprechende Kalisalzerkundung, insbesondere auf Hartsalz bzw. Sylvinite, in günstigen Teufen ermöglichen. Diese Prognosen haben außerdem nicht nur für die Kaliindustrie der DDR Bedeutung, sondern darüber hinaus auch für die VR Polen, da in beiden Staaten das Zechsteinsalzbecken mit den wirtschaftlichen Kalisalzflözen Staßfurt und Ronnenberg verbreitet ist. Die folgenden Ausführungen sollen in groben Zügen die mutmaßliche Ausdehnung des Zechsteinbeckens zur Zeit des K 2 und die Hartsalzhöffigkeit des Zechsteins 2 im östlichen Mitteleuropa aufzeigen. Die Anfertigung von speziellen Prognosekarten muß Detailuntersuchungen vorbehalten bleiben, die größermaßstäblich die entsprechenden Einzelheiten und Dokumentationen erfassen.

Für die nachfolgende Auswertung und Skizzierung des Verbreitungsgebietes des Kalisalzflözes Staßfurt konnten eine Anzahl neuer Aufschlüsse Verwendung finden, die teils in der in- und ausländischen Literatur öffentlicht, teils aber unveröffentlicht sind. Es ist hier jedoch nicht beabsichtigt, einer — sehr notwendigen — Publikation dieser Teilergebnisse vorzugreifen. Das westdeutsche Gebiet wurde nicht in die Untersuchungen einbezogen.

Der Darstellung des Kalisalzverbreitungsrandes wurde die wesentliche Voraussetzung zugrunde gelegt (s. G. Seidel 1961, J. Löffler 1961), daß der primäre Verbreitungsrand des Flözes Staßfurt in der Regel von einem mehr oder weniger breiten Saum von Hartsalz von bisher noch wenig erforschter Genese begleitet wird.

Bisherige Darstellungen der Paläogeographie des Zechsteins 2

Mehrere namhafte Wissenschaftler haben sich in Lehrbüchern bzw. Zeitschriftpublikationen mit der Paläogeographie des mitteleuropäischen Zechsteins (u. a. mit der Verbreitungsgrenze des Flözes Staßfurt) befaßt und entsprechende Kartendarstellungen veröffentlicht. Dabei offenbart sich eine Anzahl räumlicher Regeln und Gesetzmäßigkeiten, so z. B., daß im wesentlichen die jeweils jüngere Ablagerung innerhalb des Verbreitungsgebietes der älteren liegt. Eine Ausnahme bilden Teile des Leine-Steinsalzes (Na 3), dessen Sedimentation offensichtlich mit einer „Transgression" beginnt, wie anhand feinstratigraphischer Untersuchungen (u. a. J. Löffler 1960) gezeigt werden konnte. Innerhalb verschiedener Horizonte dieses großen mitteleuropäischen Tafelbeckens „treten außerdem Profile auf (z. B. im Flöz Staßfurt), die mit einer bis zu den jahreszeitlichen Lagen gehenden Genauigkeit parallelisiert werden können" (M. P. Fiweg 1955).

R. Brinkmann (1954) (Abb. 2) nimmt ähnlich wie F. Lotze (1938)(Abb. 1) eine räumliche Ausdehnung des Kalisalzflözes Staßfurt von Dänemark bis ins mitt-

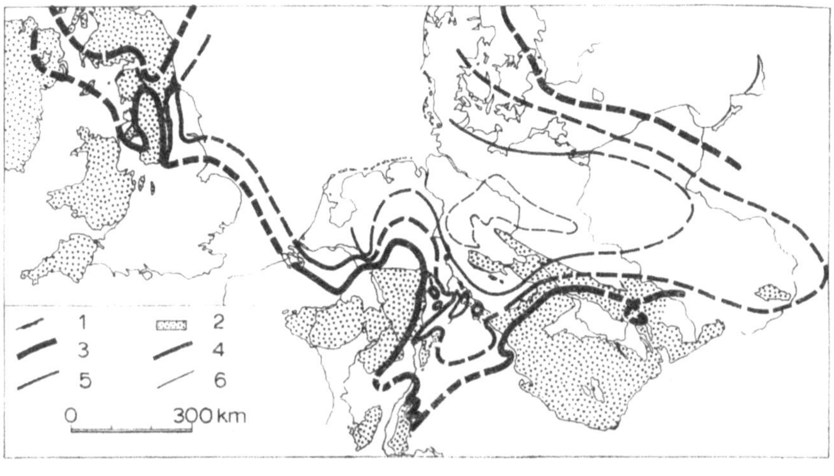

Abb. 1. Die Verbreitung des Zechsteins und seiner Salzablagerungen im mittleren und nordwestlichen Europa. Nach F. Lotze (1938)

1 — Ausstriche des Zechsteins, 2 — voroberpermisches Grundgebirge, 3 — Rand des Zechsteinmeeres, 4 — Außenrand der ursprünglichen Verbreitung von Steinsalz, 5 — Außenrand der ursprünglichen Verbreitung der älteren Kalisalze, 6 — Außenrand der ursprünglichen Verbreitung der jüngeren Kalisalze

1) Eingang des Manuskripts in der Redaktion: 4. 4. 1963.

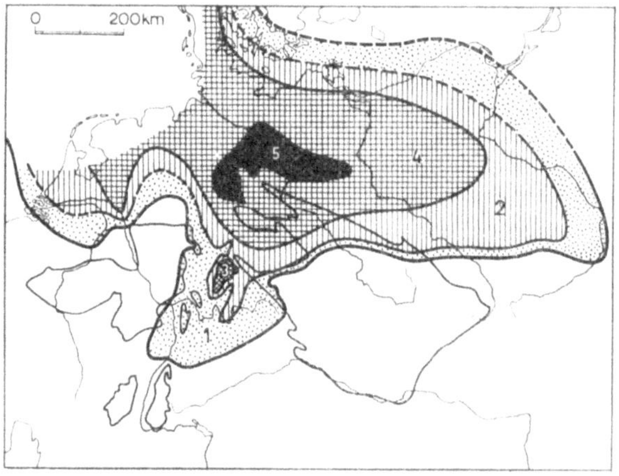

Abb. 2. Paläogeographie des Zechsteins in Mitteleuropa. Nach R. BRINKMANN (1954)

1 — salzfreie Randzone, 2 — nur Steinsalz abgeschieden. Verbreitung der Kalisalzflöze: 3 — in der Werra-Serie, 4 — in der Staßfurt-Serie, 5 — in der Leine-Serie

lere Polen hinein an, ohne daß bei ihm jedoch die Wisła (Weichsel) überschritten wird. Im südlichen Mitteldeutschland wird die Grenze relativ genau durch die reichlicher vorhandenen Aufschlüsse fixiert. M. P. FIWEG (1958) (Abb. 3) lehnt sich mit seiner Darstellung offensichtlich stark an die von R. BRINKMANN an, doch verläuft FIWEGs nördliche Kalisalzverbreitungsgrenze innerhalb des mitteldeutschen Zechsteinbeckens südlicher als die von BRINKMANN. Andererseits läßt jedoch FIWEG das Staßfurt-Flözbecken ca. 120 km weiter östlich als BRINKMANN enden.

J. POBORSKI veröffentlichte 1961 eine Darstellung (Abb. 4) — nur für das Gebiet der VR Polen —, die die neuesten Aufschlüsse in der VR Polen berücksichtigt (z. B. Staßfurt-Kalisalze im Salzstock Kłodawa) und zwischen den Darstellungen von BRINKMANN und FIWEG vermittelt.

Wichtige Hartsalzaufschlüsse als paläogeographische Charakteristika

Wenn man, wie G. SEIDEL (1961) und J. LÖFFLER (1961), berechtigterweise parallel zum Verbreitungsrand des Staßfurt-Flözes einen Hartsalzstreifen gleich welcher

Abb. 3. Relative Lage der Gebiete mit Salzsedimenten im Perm der norddeutschen Niederung. Nach M. P. FIWEG (1958)

Grenze der Verbreitung 1 — des Staßfurt-Steinsalzes, 2 — des Kalisalzflözes Staßfurt, 3 — der Kalisalzflöze Ronnenberg und Riedel

Genese annimmt, können gewisse Hartsalzfunde und Hartsalzlagerstätten auf die ehemalige Verbreitungsgrenze des K 2 hinweisen.

Im Südharzkalisalzgebiet bzw. im Thüringer Becken konnten E. STOLLE (1961) und G. SEIDEL (1961) diesen Hartsalzsaum mit großer Genauigkeit nachweisen. Hier dienten insbesondere Bohrungen neueren Datums (Erdgas- und Kalisalzuntersuchungsbohrungen) zur Fixierung der Grenze. Für das Unstrutgebiet, das Gebiet südlich Halle und das Südbrandenburgs machte J. LÖFFLER (1961) seine Fortsetzung wahrscheinlich. Grundlage dieser Prognose war einerseits die randnahe Fazies verschiedener Zechsteinschichten und zum anderen der Verlauf der Grenzzone von Hauptdolomit- und Stinkschieferfazies, da diese Grenzzone z. B. im Thüringer Becken relativ gut als Kriterium für den Verbreitungsrand des Flözes Staßfurt dienen konnte.

Abb. 4. Karte des Zechsteinsalzbeckens in der VR Polen. Nach J. POBORSKI (1961)

1 — kaliführendes Mittelfeld, 2 — Steinsalzfeld (mit möglichen kalisalzführenden Buchten von der NE-Seite aus), 3 — Gebiet der Sulfat-, Karbonat- und litoralen Fazies

Im Gebiet Rastenberg—Bad Bibra wird z. B. genauso wie im Thüringer Becken zur Zeit auf Grund dieser Theorie mit Erfolg eine gerichtete Erkundung auf Hartsalz durchgeführt. In Südbrandenburg sind seit 1961 9 Kupferschieferuntersuchungsbohrungen hartsalzfündig geworden (E. MEYER 1963), und zwar etwa im Gebiet nördlich Spremberg—Weißwasser. Das erbohrte anhydritische Hartsalz besitzt hier unterschiedliche Mächtigkeiten (in 2 Bohrungen 1,8—5,0 m, in 3 Bohrungen 5,0—10,0 m, in 2 Bohrungen 15,0—20,0 m, in 2 Bohrungen 20,0—28,8 m Mächtigkeit), jedoch in den bisherigen Aufschlüssen leider nur geringe durchschnittliche Prozentgehalte K_2O (max. 12,7%; in der Regel jedoch unter 10% K_2O).

Aus der VR Polen sind bisher zwei Hartsalzaufschlüsse bekannt geworden; einmal aus dem Gebiet Niederschlesiens, wo eine komplex ausgewertete Kupferschieferbohrung ein mächtiges, jedoch verarmtes Hartsalz nachgewiesen hat (mündliche Mitteilung von Mgr. Inž. Z. WERNER, Warszawa), zum anderen aus dem Salzstock Kłodawa. Hier wurde ein Lager kieseritisch-anhydritischen Hartsalzes von ca. 8 m Mächtigkeit erschlossen, dessen durchschnittlicher K_2O-Gehalt jedoch nur zwischen 8 und 9,5% schwankt (WERNER, POBOR-

SKI, ORSKA & BĄKOWSKI 1960). Da der Salzstock bzw. der Antiklinalzug NW—SE streicht und die Grubenaufschlüsse von Kłodawa etwa im mittleren Bereich des Diapirs liegen, erscheint es verständlich, wenn POBORSKI (1961) das Kalisalzverbreitungsgebiet nach SE bis etwa Łódź reichen läßt.

Ein weiterer Aufschluß verarmten Hartsalzes ergab sich bei der Erdölbohrung Reinkenhagen 5 Z südlich von Stralsund. Das Hartsalz ist kieseritisch ausgebildet und hat eine Mächtigkeit von etwa 15—20 m (E. HERFORTH 1962). Als nördlichster Hartsalzfundpunkt liegt der vom Salzstock Suldrup in Nordjütland vor (H. ØDUM 1960) (Abb. 5). Zwei Bohrungen wiesen in unterschiedlichen Teufen (527—532 m, 810—832 m und 922—965 m) ein kieseritisches Hartsalz mit einem K_2O-Gehalt von 9—10%, aber auch 13% nach. Die wahre Mächtigkeit beträgt nach dem gleichen Autor 9,9; 3,6 bzw. 6 m. Da es sich hier um einen echten Diapir handelt, sind die Lagerungsverhältnisse erwartungsgemäß außerordentlich kompliziert.

Abb. 6. Karte mit Angabe der vermuteten Verbreitungsgrenze des Kalisalzflözes Staßfurt
1 – nach R. BRINKMANN (1954), 2 – nach M. P. FIWEG (1958), 3 – nach J. POBORSKI (1961), 4 – nach J. LÖFFLER (1963), 5 – Hartsalzaufschlüsse

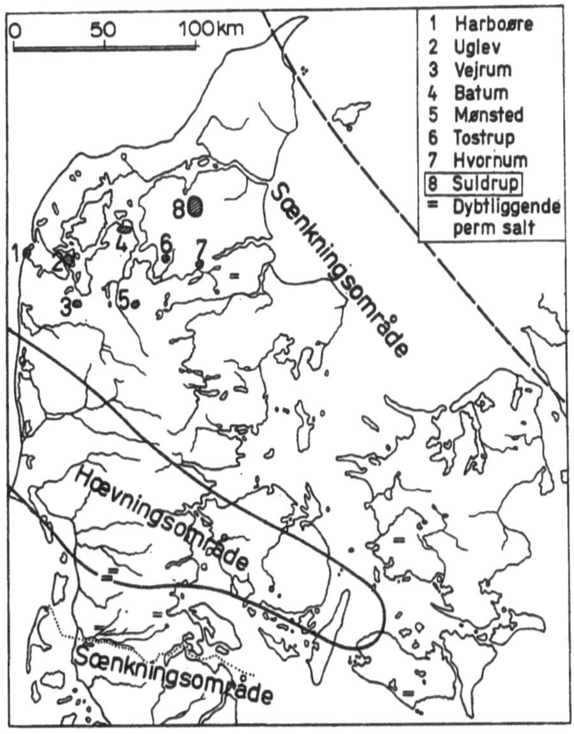

Abb. 5. Vorkommen von Perm in Bohrungen in Dänemark Nach H. ØDUM (1960)

1–8. Salzhorste in Nordjütland, horizontale Signatur: tiefliegendes Permsalz

Schlußfolgerungen

Aus dem bisher Dargelegten und unter der Voraussetzung eines randlichen Hartsalzsaumes ergibt sich somit eine Anzahl von Anhaltspunkten, das paläogeographische Kartenbild älterer Autoren, d. h. das Sedimentationsgebiet des Kalisalzflözes Staßfurt, zu ergänzen bzw. zu detaillieren. In Abb. 6 wurden zunächst die Grenzen des K 2 nach F. LOTZE (1938), R. BRINKMANN (1954), M. P. FIWEG (1958) und J. POBORSKI (1961) eingetragen, und danach wurde in Auswertung der Hartsalzfundpunkte ein eigener Grenzverlauf konstruiert. Am Rande sei bemerkt, daß die primäre Verbreitung des K 2 etwas geringer ist als die des Staßfurt-Steinsalzes. Bei der Konstruktion der Grenzzone im Gebiet der VR Polen wurde im wesentlichen der Darstellung von J. POBORSKI (1961) gefolgt.

Die Analyse der Darstellung aus Abb. 6 läßt zwei Feststellungen zu. Einmal ergibt sich, daß die älteren Autoren ohne Kenntnis der neueren Aufschlüsse paläogeographische Kartenbilder entwarfen, die der jetzt auf Grund der Hartsalzfundstellen konstruierten Kartenskizze sehr ähneln. Zum anderen ergibt sich jedoch, daß das Staßfurt-Flözbecken doch weiter nach Norden reichte, als bisher vermutet wurde. Weiterhin läßt Abb. 6 erkennen, wo etwa Hartsalz vermutet und gesucht werden kann, sofern es die Teufenlagen und sonstigen tektonischen Verhältnisse gestatten. Für das Territorium der DDR ist es neben Thüringen insbesondere der Bereich Südbrandenburgs, da im Gebiet Reinkenhagen das Kalisalzflöz zu tief liegt.

Für das Gebiet der VR Polen scheidet J. POBORSKI (1961) mehrere Gebiete aus, in denen eine Suche nach K-Mg-Salzlagerstätten erfolgverheißend ist, z. B. „in der Region der vorsudetischen Monoklinale parallel zum

Sudetenrand" (Gebiet A auf Abb. 4), d. h. in der östlichen Fortsetzung des Südbrandenburger Gebietes und ferner im Gebiet längs des Ostseeufers westlich von Koszalin (Köslin), also im Gebiet B der Abb. 4. Zwar sind noch weitere Gebiete höffig (C, D, E), doch scheiden diese im wesentlichen wegen ihrer tiefen Lage aus. Hartsalz wird sich auf Grund der geschilderten Umstände am Rande der Verbreitungsgrenze konzentrieren.

Selbstverständlich schließt diese Feststellung nicht aus, daß auch in den zentraleren Teilen des Kalisalzbeckens Hartsalz vorhanden sein kann. Für die Prognose dieses Hartsalzes liegen bisher jedoch kaum Anhaltspunkte vor. Möglicherweise ist diese Hartsalzbildung mit Schwellen- oder gar Inselregionen (z. B. „Harzinsel") in Verbindung zu bringen. Der Aufhellung der Paläogeographie des Zechsteins und Präzechsteins im Untergrund des norddeutschen und polnischen Flachlandes ist somit große Bedeutung beizumessen.

Im übrigen vermutet J. POBORSKI (1961) mit Recht, daß die Begrenzung des jeweiligen Sedimentationsgebietes nicht gleichmäßig, sondern buchtenreich verläuft; eine Tatsache, die im mitteldeutschen Gebiet des öfteren beobachtet werden konnte. Somit kann die Grenzzone 4 auf Abb. 6 nur den ungefähren Verlauf zum Ausdruck bringen.

Genese des Hartsalzsaumes

Es wurde zu zeigen versucht, daß der primäre Verbreitungsrand des Staßfurt-Flözes ganz offensichtlich von einem Hartsalzsaum begleitet wird, der unbeschadet seiner umstrittenen Genese als Tatsache hingenommen werden muß. Die Breite dieses Saumes kann beträchtlich variieren. Dadurch wird dieser Hartsalzstreifen für wirtschaftliche Erwägungen von Interesse. Das Hartsalz dieses randlichen Saumes ist teils kieseritisch (Unstrutgebiet, Reinkenhagen, Suldrup), teils anhydritisch (Thüringer Becken, Südbrandenburg, Niederschlesien, Kłodawa z. T.) ausgebildet. Wegen der auf Hunderte von Kilometern streichenden Erstreckung, also der eindeutigen paläogeographischen Konstellation, könnte man geneigt sein, hier auf eine primäre Hartsalzbildung am Beckenrand zu schlußfolgern, doch spricht eine Reihe von geologischen und petrographischen Befunden gegen eine derartige Auffassung. Vielmehr scheint das heute vorliegende Hartsalz zum Zeitpunkt beginnender diagenetischer Vorgänge, also noch während der Ablagerung zumindest der hangenden Teile des Flözes Staßfurt, sekundär aus carnallitischer Fazies entstanden zu sein. Diese frühdiagenetische Umbildung des Carnallitits zu Hartsalz bzw. Vertaubung kann vielleicht mit festländischen Zuflüssen und beharrlichen küstenparallelen Strömungen in Verbindung gebracht werden.

Sieht man wie R. LANGBEIN (1963) die erhöhten Mächtigkeiten des Grauen Salztones (in verschiedenen Gebieten des Südharzkalisalzgebietes) z. B. im Zusammenhang mit bevorzugter Hartsalzausbildung des unterlagernden Flözes Staßfurt im gleichen Bereich, ließen sich hierbei zwei Schlußfolgerungen ableiten:

a) Es liegt primäre Hartsalzbildung vor;

b) das Hartsalz wurde sekundär-frühdiagenetisch gebildet.

Für den Fall b) erscheint es hierbei nicht ausgeschlossen, daß in Anbetracht der Volumenreduzierung bei sekundärer (frühdiagenetischer) Hartsalzbildung aus Carnallitit Depressionen, Senken oder dergl. entstanden, die die bevorzugte Sedimentation des T3 zu größerer Mächtigkeit, ähnlich wie bei der Braunkohlenbildung, der Bildung mächtiger Sedimente in primären Randsenken usw., ermöglichten.

Die wirtschaftliche Bedeutung des Hartsalzstreifens rechtfertigt weitere Untersuchungen zur endgültigen Klärung seiner Genese.

Zusammenfassung

Ausgehend von paläogeographischen Kartendarstellungen verschiedener Autoren wird die Ausdehnung des Staßfurt-Kalisalzbeckens diskutiert. Es ist als Tatsache festzustellen, daß das primäre Sedimentationsgebiet des Staßfurt-Flözes randlich von einem Hartsalzsaum begleitet wird, dessen Genese umstritten ist. Verf. schlußfolgert eine sekundäre, jedoch frühdiagenetische Entstehung des Hartsalzes aus einem primären Carnallitit, vielleicht hervorgerufen durch Festlandszuflüsse und beharrliche küstenparallele Strömungen. Es werden wichtige Hartsalzfundpunkte aus der DDR, der VR Polen und Dänemark mitgeteilt und diese Aufschlüsse für eine Kartenskizze der vermuteten Verbreitungsgrenze des Kalisalzflözes Staßfurt ausgewertet. Es erscheint dabei bemerkenswert, daß die Darstellungen der älteren Autoren in verschiedenen Gebieten recht gut mit der vorgelegten Skizze in Einklang stehen, daß aber andererseits die Grenze der Kalisalzsedimentation im Staßfurt-Zyklus weiter als bisher vermutet nach Norddänemark reicht.

Die Konstanz des Hartsalzsaumes erlaubt die Prognose auf Hartsalz und eine gerichtete Hartsalzerkundung im Gebiet der DDR und in der VR Polen, sofern es Teufenlage und sonstige tektonische Verhältnisse gestatten. Das schließt jedoch nicht aus, daß auch im Beckeninneren Hartsalz vorhanden ist, das vielleicht mit primären Schwellen- oder Inselregionen in Verbindung gebracht werden kann.

Резюме

На примере палеогеографических карт разных авторов обсуждается распространение Штасфуртского бассейна, в котором отложились калийные соли. Установлен факт, что область первичного осадконакопления пласта Штасфурт сопровождается по краям каймой твердой каменной соли спорного генезиса. Автор приходит к выводу, что твердая каменная соль образовалась вторично, но в раннедиагенетической стадии из первичного карналлитита, возможно, под влиянием притоков со стороны суши и постоянных параллельных по берегам течений. Сообщается о важных местах находок твердой каменной соли в ГДР, в ПНР и в Дании; эти обнажения обрабатываются в схематической карте предполагаемой границы распространения калийного пласта Штасфурт. При этом кажется замечательным, что изображения более старых авторов довольно хорошо совпадают в разных областях с предложенным рисунком, но что с другой стороны граница отложений калийных солей в Штасфуртском цикле распространяется дальше, чем предполагали, к северной Дании.

Постоянство каймы позволяет предполагать твердую каменную соль и вести направленную разведку на твердую каменную соль в пределах ГДР и ПНР, поскольку глубина залегания и другие тектонические условия оказываются благоприятными. Этим не исключается наличие твердой каменной соли внутри бассейна, что, возможно, связано с областями первичных порогов и островов.

Summary

Proceeding from palaeogeographical map representations made by various authors, a discussion is presented of the extent of the potash-salt basin of Stassfurt. A fact to be retained is that at the edge the primary distributive province of the Stassfurt seam is accompanied by a hard salt belt, whose genesis is disputed. The author concludes that a secondary, however early diagenetic formation of the hard salt took place from a primary carnallitite, perhaps produced by continental inflows and persistent longshore currents. Important localities of hard salt are described from the G.D.R., the People's Republic of Poland and Denmark, and these exposures are used to draw a sketch of the boundary of extension supposed of the potash-salt seam of Stassfurt. It seems to be remarkable that descriptions given by earlier authors fairly well agree with the figure presented, the boundary of the potash-salt sedimentation in the Stassfurt cycle however far more extends to Northern Denmark than was hitherto supposed.

The constancy of the hard salt belt permits a prognosis for hard salt and an orientated hard salt reconnaissance in the territory of the G.D.R. and in the People's Republic of Poland, provided that this is admitted by the position of the depth and other tectonic conditions. This, however, does not exclude that hard salt is also available in the interior of the basin, which may be associated with primary threshold or island regions.

Literatur

BORCHERT, H.: Die Salzlagerstätten des deutschen Zechsteins. – Arch. Lagerstättenforsch., H. 67 (1940).

– Ozeane Salzlagerstätten. – Gebr. Borntraeger, Berlin 1959.

BRINKMANN, R.: Abriß der Geologie, 2. Bd.: Historische Geologie. – 7. Aufl., Ferd.-Enke-Verl., Stuttgart 1954.

FIWEG, M. P.: Die Bildungsverhältnisse der Kalisalzlagerstätten. – Bull. Moskauer Ges. Naturf. (MOIP), Abt. Geol., Bd. XXX, H. 3, S. 3–15, Moskau 1955.

– Gesetzmäßigkeiten der Formierung und Verbreitung von Kalisalzlagerstätten in den salzführenden Formationen. In: Gesetzmäßigkeiten der Verbreitung von nutzbaren Bodenschätzen. – Isdat. akad. nauk SSSR, Moskau 1958.

HERFORTH, E.: Ergebnisbericht über die petrographische und chemische Untersuchung zweier Kernmärsche aus dem Staßfurtlager (K 2) der Bohrung Reinkenhagen 5Z. – Unveröff. Ber. Zentr. Geol. Inst., Berlin 1962.

LANGBEIN, R.: Geochemische Untersuchungen an Salztonen des Zechsteins im Südharz-Kalirevier. – Chemie d. Erde, **23**, 1, Jena 1963.

LÖFFLER, J.: Primäre Sedimentationsunterschiede im Zechstein 2 und 3. – Geologie, **9**, 7, Berlin 1960.

– Zur Problematik der Hartsalzentstehung. – Ber. geol. Ges. DDR, **6**, 2/3, Berlin 1961 (1961a).

– Zur Hartsalzverbreitung in Südbrandenburg und im Werra-Kalisalzgebiet. – Z. angew. Geol., **7**, 4, Berlin 1961 (1961b).

LOTZE, F.: Steinsalz und Kalisalze. In: Lagerstätten der Nichterze. – **III**, 1, Gebr. Borntraeger, Berlin 1938.

– Steinsalz und Kalisalze. – **1**, Gebr. Borntraeger, Berlin 1957.

MEYER, E.: Bericht über die Komplexerkundung Kalisalz im Objekt Spremberg – Weißwasser. – Unveröff. Ber. VEB Geol. Erkundung West, Halle 1963.

ØDUM, H.: Saltefterforskningen i Danmark. – Danmarks Geologiske Undersøgelse, III, Raekke Nr. 34, København 1960.

POBORSKI, J.: Die Hauptrichtungen der Suche nach Kali-Magnesium-Salzen in der VR Polen. – Przeglad Geologiczny, **9**, 11, Warszawa 1961.

RICHTER, G.: Zur vergleichenden Stratigraphie des Zechsteins in Mitteldeutschland. – Z. Kali, **36** (1942).

RICHTER-BERNBURG, G.: Über salinare Sedimentation. – Z. deutsch. geol. Ges., **105** (1955).

SEIDEL, G.: Zur Kalierkundung im Thüringer Becken. – Z. angew. Geol., **7**, 4, Berlin 1961.

STOLLE, E.: Zur Faziesdifferenzierung im Südharz-Kalirevier. – Ber. geol. Ges. DDR, **6**, 2/3, Berlin 1961.

WERNER, Z., J. POBORSKI, J. ORSKA & J. BĄKOWSKI: Eine geologische und bergbauliche Skizze der Salzlagerstätte von Kłodawa (engl. Resumé). – Instytut Geologicznodbitka z practom XXX – CZESC II. Wydawnictwa geologiczne, Warszawa 1960.

Instruktion zur Anwendung der „Klassifikation der Lagerstättenvorräte fester mineralischer Rohstoffe" auf Kali- und Steinsalzlagerstätten der DDR

3. Kali-Instruktion vom 20. 6. 1963

INHALT

1. Der Rohstoff und seine Lagerstätten in der DDR

1.1. Der Rohstoff

1.1.1. Vom Kali- und Steinsalzbergbau können in der DDR folgende Horizonte des Zechsteins wirtschaftlich genutzt werden[1]:
Aller-Steinsalz Na 4,
Leine-Steinsalz Na 3,
Kaliflöze der Leine-Serie K 3,
Kaliflöz „Staßfurt" K 2,
Staßfurt-Steinsalz Na 2,
Werra-Steinsalz Na 1,
Kaliflöz „Hessen" K 1 H,
Kaliflöz „Thüringen" K 1 Th.

1.1.2. Geringe Bedeutung haben die Steinsalzlagerstätten im Mittleren Muschelkalk (mm) und Oberen Buntsandstein (so).

1.1.3. Gegenwärtig werden folgende Salzgesteine gewonnen:

1.1.3.1. Steinsalz.

1.1.3.2. Carnallitit:
Carnallit, Halit, Kieserit und/oder Anhydrit bzw. Tachhydrit.

1.1.3.3. Sylvinit:
Sylvin und Halit.

1.1.3.4. Hartsalz:
Sylvin, Halit, Anhydrit und/oder Kieserit und/oder sulfatische Doppelsalze.

1.1.4. Große wirtschaftliche Bedeutung besitzen die Salzminerale:

a) Halit (NaCl),
b) Sylvin (KCl),
c) Carnallit ($KCl \cdot MgCl_2 \cdot 6\,H_2O$),
d) Kieserit ($MgSO_4 \cdot H_2O$).

1.1.4.1. Gelegentlich erlangen untergeordnete Bedeutung:

e) Kainit ($KCl \cdot MgSO_4 \cdot 3\,H_2O$),
f) Polyhalit ($2\,CaSO_4 \cdot K_2SO_4 \cdot MgSO_4 \cdot 2\,H_2O$),
g) Langbeinit ($K_2SO_4 \cdot 2\,MgSO_4$).

1.1.4.2. An Begleitkomponenten mit Spurenelementcharakter erlangen unterschiedliche Bedeutung:

h) Brom (Br) als isomorphe Vertretung des Chlors in chloridischen Mineralien (im Carnallit Cl : Br etwa 150 : 1),
i) Borsäure (Borazit: $5\,MgO \cdot 7\,B_2O_3 \cdot MgCl_2$),
k) Rubidium (als RbCl im Carnallit),
l) Cäsium (als CsCl im Carnallit)
u. a.

1.1.5. Für die Verarbeitung der Rohsalze können neben anderen von schädlichem Einfluß sein:

a) Tone, Sulfate, Karbonate (Schlammbildung),
b) Tachhydrit ($2\,MgCl_2 \cdot CaCl_2 \cdot 12\,H_2O$),
c) Staßfurtit-Konkretionen.

1.1.6. Für die wirtschaftliche Verarbeitung des Rohstoffes werden gegenwärtig folgende Forderungen gestellt:

1.1.6.1. Steinsalz mit einem durch den jeweiligen Verwendungszweck bedingten Reinheitsgrad (z. B. Maximalgehalt an SO_3).

1.1.6.2. Kalirohsalz mit einem bestimmten technologisch bedingten Durchschnittsgehalt an K_2O.

[1]) Stratigraphische Bezeichnung in Anlehnung an RICHTER-BERNBURG

1.1.6.3. Hinsichtlich der mineralogischen Zusammensetzung, der Verwachsungsverhältnisse und des zulässigen Gehaltes an schädlichen Beimengungen müssen bestimmte Qualitätsbedingungen eingehalten werden.

1.2. Die Lagerstätten

1.2.1. Die in der DDR bekannten Salzlagerstätten lassen sich nach ihrer räumlichen Ausdehnung, ihren Lagerungsverhältnissen sowie mineralogischen Ausbildung und Absetzigkeit in mehrere Lagerstättentypen einteilen, die einen unterschiedlichen Aufwand für ihre Untersuchung und zur Berechnung der Vorräte erfordern.

1.2.1.1. Lagerstättentyp I:
Ausgedehnte, horizontale bis flachwellige schichtartige Lagerstätten, im Streichen und Einfallen aushaltend (auf 1×1 km und mehr). Die Mächtigkeit des Lagers ist verhältnismäßig gleichbleibend; die Gehalte an nützlichen und schädlichen Komponenten sind relativ beständig, die Tektonik ist einfach.

1.2.1.2. Lagerstättentyp II:
Ausgedehnte, an geologische Strukturen (Bruch- und Faltungstektonik) gebundene sattelartige Lagerstätten; steiles bis sehr steiles Einfallen der Lager, auf größere Entfernungen (ca. 1 km im Streichen, 250 m im Einfallen) vorwiegend gleichbleibende Mächtigkeit und Gehalte an nützlichen und schädlichen Komponenten, übersichtliche tektonische Verhältnisse.

1.2.1.3. Lagerstättentyp III:
Große schichtartige, horizontale bis wellige Lagerstätten. Das Lager ist im Streichen und Einfallen absetzig (wechselnde Gehalte an nützlichen und schädlichen Komponenten bis zu Vertaubungen, tektonisch bedingte Mächtigkeitsunterschiede). Im Abbaublock (ca. 200×250 m) herrschen jedoch übersichtliche Verhältnisse hinsichtlich der Gehaltsverteilungen und Tektonik.

1.2.1.4. Lagerstättentyp IV:
Kleine Lagerstätten oder Lagerstättenteile mit engräumig wechselhaften Gehalten an nützlichen und schädlichen Komponenten sowie stark schwankenden Mächtigkeiten; mehr oder weniger komplizierte tektonische Verhältnisse, unübersichtliche Verteilung der Gehalte im Lager des Abbaublocks (ca. 200 mal 250 m).

1.2.1.5. Lagerstättentyp V:
Diapirartige Salzaufpressungen, langgestreckte bis runde Formen mit komplizierter innerer Tektonik, aus zahlreichen kulissenartigen Faltungssträngen bestehend. Die Kali- oder Steinsalze sind örtlich angestaut oder ausgedünnt. Die Lagerausbildung ist unübersichtlich.

1.2.2. Die Zuordnung einer Lagerstätte oder eines Lagerstättenteiles zu einem der vorgenannten Typen ist zu begründen. Innerhalb eines Berechnungsfeldes können mehrere Lagerstättentypen auftreten.

2. Die Untersuchung des Rohstoffes und der Lagerstätte

2.1. Die durchgeführten Untersuchungen können nur dann als ausreichend angesehen werden, wenn sie zuverlässige Angaben über die Substanzmenge, die Art der Mineralführung, ihre Ausbildungsformen und räumliche Verteilung sowie über die berg- und verarbeitungstechnischen Verhältnisse geben, d. h., wenn eine zuverlässige Vorratsberechnung und industrielle Einschätzung der Lagerstätten möglich ist. Der Untersuchungsgrad, der für die Klasseneinstufung der Vorräte maßgebend ist, wird durch den Erkundungsgrad und den Erforschungsgrad der Lagerstätte und ihrer Vorräte charakterisiert.

Tabelle 1. Richtwerte (s. Pkt. 2.2.2.) für Blockgrößen bzw. Erkundungsabstände (in m)

Typ	Art der Erkundung	A_2	B	C_1 seitl. Extrapolation bzw. Entfernung zwischen den Aufschlüssen	C_2 seitl. Extrapolation bzw. Entfernung zwischen den Aufschlüssen
I	bergm. Auff.	500×500	750×750	1000	2500
	Bohrg.	–	–	1500 bei 3 Aufschl.	3000 bei 3 Aufschl.[3])
II	bergm. Auff.	500×250[1])	750×250[1])	500	2500 im Streichen
	Bohrg.	–	–	1000 bei 3 Aufschl.	1200 im Einfallen (fl. Länge) 3000 im Streichen[3]) 1200 im Einfallen Abstand zwischen 3 Aufschlüssen
III	bergm. Auff.	400×250[1])	600×400[1])	400	1800
	Bohrg.	–	–	800 bei 3 Aufschl.[2])	1800 bei 3 Aufschl.[3])
IV	bergm. Auff.	–	400×250[1])	250	1200
	Bohrg.	–	–	–	1200 bei 3 Aufschl. (einschl. UT-Kernbohrungen)
V	bergm. Auff.	–	150×50[1])	150	300
	u. Bohrg.	–	–	250 bei 3 Aufschl.	300 bei 3 Aufschl.

[1]) Der größere Wert liegt in Richtung der geringsten Veränderlichkeit, sämtliche Entfernungen beziehen sich auf flache Längen.
[2]) Dieser Wert gilt nicht für Lagerstätten, die nur durch OT-Bohrungen neuerkundet wurden.
[3]) s. Fußnote zu 3.2.3.1.

2.2. Zum Erkundungsgrad gehören die Art der durchgeführten Erkundungsarbeiten, ihr spezifischer Umfang und ihr Gesamtumfang, ihre Verteilung auf der Lagerstätte und die Qualität ihrer Durchführung; die Zuverlässigkeit der Lagerstättenumgrenzung (horizontal und vertikal), die Entnahme von Untersuchungsmaterial für die Ermittlung der Qualität des anstehenden Rohstoffes und für technologische Versuche; ferner die exakte Dokumentation aller dieser Arbeiten.

2.2.1. Die geologische Erkundung von Salzlagerstätten wird durch OT- und UT-Bohrungen, bergmännische Arbeiten und geophysikalische Verfahren vorgenommen (durch OT-Bohrungen können bei rationellen Bohrabständen in der Regel nur C_2-Vorräte festgestellt werden).

2.2.2. Richtwerte für die Abstände der Bohrungen, Strecken u. a. sind in der Tabelle zusammengestellt. Sie können nicht für jeden konkreten Fall vorgeschrieben, sondern müssen vom Erkundungsgeologen rationell bestimmt werden. Die angegebenen Richtwerte stützen sich auf die praktische Erfahrung in der DDR und unterstellen durchschnittliche Lagerstättenverhältnisse des betreffenden Typs. Übergänge von einem Typ zum anderen und Abweichungen vom Durchschnitt — eine häufige Erscheinung — verpflichten den Erkundungsgeologen, die Richtigkeit der von ihm gewählten Erkundungsabstände (auch bei Übernahme der Richtwerte) zu begründen.

2.2.3. Zur Feststellung der vollen Mächtigkeit des Lagers ist die hangende und liegende Begrenzung einwandfrei nachzuweisen.

2.2.4. Der Kerngewinn darf im nutzbaren Rohstoff 80% nicht unterschreiten, für Trümmercarnallit und Kristallsalzzonen werden mindestens 65% gefordert. Wird der geforderte Kerngewinn nicht erreicht, so können bei Vorliegen geophysikalischer Bohrlochmessungen (γ-, $\gamma\gamma$-, Neutronen-γ-Messungen u. a.) mit eindeutigen Ergebnissen die o. g. Forderungen in Abhängigkeit von den vorliegenden geologischen Verhältnissen reduziert werden.

2.2.5. Bohrungen mit unzureichendem Kerngewinn ohne geophysikalische Meßergebnisse bzw. nicht eindeutigen geophysikalischen Meßergebnissen dürfen zur Vorratsberechnung nicht benutzt werden, wenn in anderen Bohrungen einwandfreie Ergebnisse vorliegen.

2.2.6. Wenn trotz Einsatz aller zur Verfügung stehenden technischen Mittel in mehreren benachbarten Bohrungen nur unzureichender Kerngewinn vorliegt und die geophysikalischen Meßergebnisse nicht eindeutig sind, die vorliegenden (unzureichenden) Bohrergebnisse jedoch bereits eine bilanzwürdige Ausbildung der Kalilager beweisen, können für diese Bohrungen gesondert Mindestvorräte berechnet werden.

2.2.7. Für die Probenahme und Dokumentation von Erkundungsbohrungen und bergmännischen Aufschlußarbeiten haben die entsprechenden Anweisungen der VVB Kali Gültigkeit, die jedoch die von der ZVK gestellten Forderungen nicht außer Kraft setzen können.

2.3. Zum Erforschungsgrad gehören Untersuchungen der Rohstoffqualität (mineralogische, chemische u. a.), der technologischen Eigenschaften des Rohstoffes, der bergtechnischen und hydrogeologischen Verhältnisse, die geologische Analyse aller Erkundungsdaten, die Erforschung der Lagerstättengenese und die Ermittlung jener Faktoren, welche die Salzbildung und -umbildung begünstigen und ihre Verbreitung kontrollieren.

2.3.1. Die chemische Analyse der Proben ist nach den vorliegenden Anweisungen der VVB Kali durchzuführen.
Für die Kontrolle und Prüfung der chemischen Analysen hat die Anweisung der ZVK über „Innere und äußere Kontrolle der Analysenergebnisse und deren Auswertung" Gültigkeit.

2.3.2. Die mineralischen Erscheinungsformen der nützlichen und schädlichen Komponenten usw. müssen ausreichend charakterisiert und beschrieben werden, um notwendige Schlußfolgerungen für die Gewinnung bzw. Beseitigung der Komponenten zu ermöglichen.

2.3.3. Für neuerkundete (insbes. neuaufgefundene) Lagerstätten sind aufbereitungs- und verarbeitungstechnische Untersuchungen zu veranlassen; der Bericht über das Ergebnis dieser Prüfungen ist mit der Vorratsberechnung vorzulegen. Wenn derartige Versuche nicht durchgeführt wurden, ist der analoge Bestand, Aufbau usw. des Rohstoffes in bezug auf solche Salze nachzuweisen, die auf anderen gleichartigen Lagerstätten bereits gewonnen werden.

2.3.4. Die Rohstoffdichte muß für jede Rohstoffsorte festgestellt werden. Auf detaillierte Untersuchungen kann dann verzichtet werden, wenn der Nachweis für die praktische Bedeutungslosigkeit der Schwankungen (evtl. aus analogen Lagerstätten) erbracht wurde.

2.3.5. Im Hinblick auf den späteren Abbau sind durch die geologische Erkundung folgende bergtechnische Faktoren zu untersuchen:

a) gebirgsmechanisches Verhalten des Lagerhorizontes sowie des Hangenden und Liegenden,

b) Gas- und Laugengefahr,

c) geologische und hydrogeologische Faktoren, die den zukünftigen Bergbau positiv oder negativ beeinflussen können.

2.3.6. Die hydrogeologischen Untersuchungen während der geologischen Erkundung, insbesondere neuer Lagerstätten, sollen folgende Feststellungen ermöglichen:

a) Anzahl der wasserführenden Horizonte, ihr petrographischer Charakter, Lagerung, Verbreitung, Mächtigkeit usw.;
b) hydrostatisches Niveau jedes Horizontes;
c) Speisung und Einzugsgebiet der wasserführenden Schichten;
d) Chemismus der Wässer;
e) Ausdehnung und Lage von Ablaugungen;
f) Vorhandensein von Laugenansammlungen.

2.3.7. Wenn die unter 2.3.5.–2.3.6. genannten Untersuchungen in benachbarten Schächten mit gleichen oder analogen Verhältnissen durchgeführt bzw. einwandfrei bekannt sind, kann auf ihre Durchführung verzichtet bzw. ihr Umfang weitgehend eingeschränkt werden.

3. Die Einstufung der Vorräte in die Vorratsgruppen und -klassen

Die Bestimmungen der Klassifikation der Lagerstättenvorräte fester mineralischer Rohstoffe der DDR zur Einstufung der Vorräte werden auf Salzlagerstätten wie folgt angewendet:

3.1. Einstufung in die Vorratsgruppen

3.1.1. Die Einstufung in die Vorratsgruppen erfolgt auf der Grundlage von Konditionen, die durch die Staatliche Plankommission bestätigt sein müssen.

3.1.2. Die untere Gehaltsgrenze der Außerbilanzvorräte, bis zu welcher Kalisalzvorräte in der Vorratsberechnung erfaßt werden, ist einheitlich mit 6% K_2O festgelegt.

3.1.3. Prognostische Vorräte gemäß § 4 der 2. Vorratsklassifikation werden für größere geologische Einheiten bzw. Lagerstättenbezirke berechnet.

3.1.3.1. Zur Untergruppe Delta-1 gehören Vorräte solcher Gebiete, die auf Grund regionaler Untersuchungsergebnisse mit bereits erkundeten Flächen verglichen werden können und in denen der Rohstoff mindestens in einem Punkt nachgewiesen wurde, d. h., für die prognostische Vorräte mit Hilfe der Methode der Analogie berechnet werden können.

3.1.3.2. Zur Untergruppe Delta-2 gehören Vorräte in solchen Gebieten, für die die Anwendung der Methode der Analogie wegen fehlender Unterlagen nicht möglich ist und die Verbreitung des Rohstoffes lediglich auf Grund allgemeiner regional-geologischer, stratigraphisch-fazieller, geophysikalischer u. a. Unterlagen angenommen wird.

3.2. Einstufung in die Vorratsklassen

Die Rohstoffvorräte werden nach dem Untersuchungsgrad in die einzelnen Klassen eingestuft. Dabei müssen alle im § 5 der 2. Vorratsklassifikation fester mineralischer Rohstoffe gestellten Forderungen für die jeweilige Klasse erfüllt sein.
Die Bedingungen für die Klassenzugehörigkeit werden für Salzvorräte wie folgt präzisiert:

3.2.1. Klasse A (a)

3.2.1.1. Die Vorratsblöcke müssen durch bergmännische Auffahrungen an nicht weniger als drei Seiten erkundet sein, wobei die entsprechenden Richtwerte der Tabelle 1 oder für die konkreten Verhältnisse ermittelte Werte Anwendung finden.

3.2.1.2. Die Ausbildung des Lagers in den Aufschlüssen muß lückenlos in den entsprechenden Bemusterungsabständen zu beobachten sein, wobei die Ergebnisse keine Zweifel über das Verhalten in Aufschlußlücken (bei dreiseitiger Umfahrung) zulassen dürfen.

3.2.1.3. Sinkt der Gehalt des Rohstoffes in einzelnen Bemusterungspunkten unter die Konditionsgrenze ab, ist die Einstufung in Klasse A nur zulässig, wenn diese Bereiche eindeutig umgrenzt werden können.

3.2.1.4. Die tektonischen und hydrogeologischen Verhältnisse müssen eindeutig geklärt sein, so daß die bergmännische Gewinnung planmäßig geführt werden kann.

3.2.1.5. Zur Berechnung der Parameter des Blockes dürfen nur solche Werte verwendet werden, die im Block oder in den ihn begrenzenden Auffahrungen ermittelt wurden.

3.2.1.6. Durch Bohrungen können in keinem Falle und durch bergmännische Auffahrungen in den Lagerstättentypen IV und V keine Vorräte der Klasse A nachgewiesen werden.

3.2.2. Klasse B (b)

3.2.2.1. Die Vorratsblöcke müssen durch bergmännische Auffahrungen an nicht weniger als zwei Seiten erkundet sein, wobei die entsprechenden Richtwerte der Tabelle 1 oder für die konkreten Verhältnisse ermittelte Werte Anwendung finden.

3.2.2.2. Die Ausbildung des Lagers in den Aufschlußstrecken muß entsprechend den Bemusterungsabständen lückenlos beobachtet sein, das Verhalten der Berechnungsparameter des Blockes muß daraus begründet gefolgert werden können.

3.2.2.3. Vertaubte und nicht den Konditionen entsprechende Bereiche innerhalb des Blockes müssen größenordnungsmäßig feststellbar sein.

3.2.2.4. Zur Berechnung der Parameter des Blockes dürfen nur solche Werte verwendet werden, die im Block oder in den ihn begrenzenden Auffahrungen ermittelt wurden.

3.2.2.5. Die tektonischen und hydrogeologischen Verhältnisse innerhalb eines Blockes müssen so weit bekannt sein, daß der Abbau unter Berücksichtigung möglicher Komplikationen geplant werden kann.

3.2.2.6. Verläuft die Blockgrenze in der Nähe einer nachgewiesenen tektonischen Störung bekannten Verlaufs, kann die Zwischenfläche bis zur Störung — bei entsprechenden geologischen Voraussetzungen — dem betreffenden Block hinzugefügt werden, wenn die Entfernung zwischen beiden die Hälfte der für Klasse B vorgesehenen Erkundungsabstände nicht überschreitet.

3.2.2.7. Vorräte der Klasse B können allein durch OT-Bohrungen nicht nachgewiesen werden.

3.2.3. Klasse C_1 (c_1)

3.2.3.1. Die Vorratsblöcke müssen durch bergmännische Auffahrungen an nicht weniger als einer Seite erkundet sein, wobei die entsprechenden Blockgrößen der Tabelle oder für die konkreten Verhältnisse ermittelte Werte Anwendung finden.
Bei der Erkundung durch OT- oder UT-Bohrungen liegen C_1-Vorräte im inneren Umriß, der durch mindestens drei nicht auf einer Linie liegende fündige Bohrungen[2]) verläuft, welche in Abständen entsprechend den Richtwerten der Tabelle oder für die konkreten Verhältnisse ermittelten Werten entfernt liegen.

3.2.3.2. Aus den vorliegenden Untersuchungsergebnissen muß das Aushalten der Berechnungsparameter des Blockes gefolgert werden können, andernfalls sind die Blockgrenzen den Verhältnissen entsprechend zu reduzieren.

3.2.3.3. Für die Beurteilung der geologischen Verhältnisse innerhalb des Vorratsblockes können die Untersuchungsergebnisse benachbarter Blöcke und die Charakteristik der gesamten Lagerstätte herangezogen werden.

3.2.3.4. Für die Berechnung der Parameter des Blockes können nur solche Daten verwendet werden, die im Block oder in den ihn begrenzenden Auffahrungen ermittelt wurden.

3.2.3.5. Vertaubte und nicht den Konditionen entsprechende Bereiche sind durch die Einführung von Koeffizienten zu erfassen, wobei in der Regel auch die Erfahrungen des bisherigen Abbaues zu verwerten sind.

3.2.3.6. Die tektonischen und hydrogeologischen Verhältnisse müssen so weit bekannt sein, daß daraus resultierende Schwierigkeiten für den zukünftigen Abbau eingeschätzt werden können.

3.2.3.7. Gemäß § 5 der Vorratsklassifikation sind Vorräte der Klasse C_1 zu extrapolieren, wenn es die geologischen Verhältnisse gestatten. Seitlich an Streckenauffahrungen ausgeblockte Vorräte der Klasse C_1 gelten in diesem Rahmen nicht als extrapoliert.

3.2.3.8. Verläuft die Blockgrenze eines erkundeten C_1-Blockes in der Nähe einer nachgewiesenen tektonischen Störung bekannten Verlaufs oder einer anderen den Abbau begrenzenden Linie, kann die Zwischenfläche bei entsprechenden geologischen Voraussetzungen dem betreffenden C_1-Block hinzugefügt werden, wenn die Entfernung zwischen beiden die Hälfte der C_1-Erkundungsabstände nicht überschreitet.

3.2.4. Klasse C_2 (c_2)

3.2.4.1. Die Vorräte müssen durch bergmännische Auffahrungen mit Hilfe von Strecken oder durch Erkundung mit OT- oder UT-Bohrungen entsprechend den Richtwerten der Tabelle oder für die konkreten Verhältnisse ermittelten Werten nachgewiesen sein. Bei Bohrungen mit dem für diese Klasse entsprechenden Abstand muß der Block innerhalb des inneren Umrisses liegen, der durch mindestens drei nicht auf einer Linie liegende fündige Bohrungen[3]) verläuft.

3.2.4.2. Zur Berechnung der Parameter des Blockes können auch Angaben aus benachbarten Blöcken herangezogen werden.

3.2.4.3. Die Klärung der tektonischen und hydrogeologischen Verhältnisse kann sich auf Grundfragen beschränken, bzw. sind sie durch Analogieschlüsse aus bekannten Lagerstättenteilen zu belegen. Die Bilanzwürdigkeit des nachgewiesenen Vorrates darf jedoch nicht in Zweifel gestellt sein.

3.2.4.4. Vertaubte und nicht den Konditionen entsprechende Bereiche sind durch Berechnungskoeffizienten zu erfassen, wobei die Ergebnisse des bisherigen Abbaues bzw. die Charakteristik der gesamten Lagerstätte heranzuziehen sind.

3.2.4.5. Im Anschluß an aufgeschlossene Grubenfelder oder Blöcke höherer Vorratsklassen sind Vorräte der Klasse C_2 mit den in der Tabelle 1 festgelegten oder für die konkreten Verhältnisse ermittelten Werten zu extrapolieren.

3.2.4.6. Im Anschluß an nichtextrapolierte C_2-Vorräte können Vorräte der Klasse C_2 bis zum halben Bohrlochabstand der Klasse C_2 berechnet werden, wenn es die geologischen Verhältnisse gestatten.

4. Allgemeine Festlegungen für die Berechnung der Vorräte

4.1. Vorräte in Sicherheitspfeilern

4.1.1. Vorräte in sog. ewigen Sicherheitspfeilern (z. B. Schachtsicherheitspfeilern u. a.) werden bei der ersten Vorratsberechnung berechnet und der ZVK mitgeteilt. Die Verfügung über die Festlegung des Sicherheitspfeilers ist der Vorratsberechnung abschriftlich beizulegen. Diese Vorräte werden später nicht mehr berechnet und unabhängig davon, ob es sich um Bilanz- oder Außerbilanzvorräte handelt, nicht bilanziert.

4.1.2. Vorräte in befristeten Sicherheitspfeilern (z. B. Markscheide-, Feldesgrenzen-, Kohlensäure- und Laugensicherheitspfeilern) werden berechnet und in der entsprechenden Vorratsgruppe gesondert ausgewiesen.

4.1.3. Vorräte in abseits gelegenen Restpfeilern werden nach einem vorzulegenden technisch-ökonomischen Gutachten entweder unter Einhaltung der hierzu erlassenen Vorschriften abgeschrieben, d. h. aus der Vorratsbilanz entfernt, oder als normaler Vorrat geführt.

4.2. Festlegung zur Berechnung

4.2.1. Die Vorräte jeder Rohstoffsorte sind getrennt zu berechnen.

4.2.2. Bei Vorhandensein mehrerer Kali- oder Steinsalzlager ist jedes gesondert zu berechnen.

4.2.3. Die Vorratsberechnung erfolgt für A-, B- und C_1-Vorräte jeweils in 1000 Tonnen Rohsalz und K_2O. Für C_2-Vorräte kann die Berechnung in Mt Rohsalz und K_2O durchgeführt werden.

[2]) Aus drei Bohrungen kann in der Regel kein verläßlicher Durchschnitt berechnet werden. Zu seiner Begründung sind daher vor allem in neuen Feldern weitere geologische Erkenntnisse heranzuziehen.

[3]) s. Anmerkung zu Pkt. 3.2.3.1.

4.2.4. Bei in Nutzung befindlichen Lagerstätten ist bei gegebener Notwendigkeit das Lager in vertikaler Richtung wie folgt zu gliedern und gesondert zu erfassen:

a) in der Bauscheibe entspr. der maximal zulässigen Abbauhöhe;
b) in der anzubauenden Bank im Hangenden des Lagers;
c) zwischen maximaler Bauhöhe und der anzubauenden Bank;
d) zwischen Abbausohle und Liegendem des Kalilagers.

4.2.5. Die maximale Teufe für die Berechnung der Bilanzvorräte wird mit 1200 m, die für Außerbilanzvorräte mit 1500 m festgelegt. Bei größeren Teufen entscheidet in Zweifelsfällen die ZVK.
Vorräte gem. Pkt. 4.2.4. c, d werden entsprechend den Konditionen bei den Bilanz- bzw. Außerbilanzvorräten gesondert ausgewiesen.
Ist die Gewinnung dieser Vorräte nur mit sehr hohem, z. Z. nicht vertretbarem wirtschaftlichem Aufwand verbunden, so werden sie als Außerbilanzvorräte geführt.

4.2.6. Die Berechnung der Vorräte der Klassen A und B, bei übersehbaren Verhältnissen auch für C_1, muß in der Regel (s. Pkt. 4.2.7.) für jede Rohstoffsorte gesondert erfolgen.
Die Berechnung der Vorräte der Klasse C_2 erfolgt summarisch ohne Einteilung in Rohstoffsorten unter der Bezeichnung „Kalisalze". (Die Anteile der Rohstoffsorten sind prozentual einzuschätzen.)

4.2.7. Ist ein Kalisalzlager[4]) durch ein Steinsalzmittel[5]) getrennt bzw. setzt es sich aus zwei Lagern mit verschiedenen Rohstoffsorten zusammen[6]), ist eine Gewinnung jedoch nur gemeinsam bzw. unter Einbeziehung des Zwischenmittels möglich, müssen Menge und Gehalt für das gesamte anfallende Fördergut berechnet werden.
Bei unterschiedlicher Ausbildung der einzelnen Lager[6]) kann die Berechnung als „Kalisalze" erfolgen. Der geschätzte Prozentanteil für Hartsalz, Carnallitit und Sylvinit ist jedoch anzugeben.

4.2.8. Die Einstufung der Carnallititvorräte in die Vorratsgruppen ist in jedem Falle konkret zu entscheiden. Sie werden als Bilanzvorräte nur berechnet, wenn ihre Nutzung geologisch, technisch und ökonomisch vertretbar ist. Die Begründung hierfür hat im Bericht zur Vorratsberechnung im Rahmen der industriellen Einschätzung der Vorräte zu erfolgen.

4.2.9. Bei Steinsalzlagerstätten sind wegen der großen Steinsalzmengen in Abweichung zur Klassifikation der Lagerstättenvorräte fester mineralischer Rohstoffe nur die Steinsalzvorräte zu erfassen, für die eine industrielle Nutzung vorgesehen ist.

4.3. Abbauverluste

4.3.1. Vorräte in der anzubauenden Bank und in den Bergfesten innerhalb der Abbauscheibe (Pkt. 4.2.4. a und b) werden grundsätzlich in Prozenten des Vorrates als Abbauverluste angegeben.

4.3.2. Wenn nach Abbau des Vorratsblockes durch Abbauauswirkungen (Bruch, Gebirgsdruck u. a.) im Block verbliebene Vorräte (Pkt. 4.2.4. c, d) nicht mehr abgebaut werden können, werden sie als Abbauverluste ausgewiesen und bei Neuberechnungen nicht mehr als Vorrat geführt.

4.3.3. Neuerkundete Lagerstätten werden ohne Verluste berechnet.

4.4. Vertaubungen und Sonstiges

4.4.1. Vertaubungen sind mit ihren nachgewiesenen und vermuteten Grenzen auf den Vorratsrissen darzustellen. Entsprechend den bei der Erkundung angetroffenen Verhältnissen sind die vertaubten Flächen planimetrisch oder mit dem linearen Vertaubungskoeffizienten zu ermitteln.

4.4.2. Bei zahlreichen kleinen, unregelmäßigen Vertaubungen ist ein allgemeiner Vertaubungskoeffizient aus dem Verhältnis der durch Abbau festgestellten, vertaubten Fläche zur durch Abbau aufgeschlossenen Gesamtfläche (der Lagerstätte, eines Feldes, Reviers usw.) zu ermitteln und bei den einzelnen Vorratsblöcken anzuwenden.

4.4.3. Der allgemeine Vertaubungskoeffizient ist mit entsprechender Begründung besonders bei durch Extrapolation ermittelten Vorräten anzuwenden.

4.4.4. Wird das Hangende bzw. Liegende des Lagers von Hoch- bzw. Tiefbohrungen nicht erreicht, dann müssen die nichtbemusterten Vorräte durch Profilkonstruktionen, Inter- bzw. Extrapolation begrenzt berechnet und in der entsprechenden Vorratsklasse ausgewiesen werden. Übersteigen solche Bereiche bei Kalilagern Entfernungen von 120 m, in besonders zu begründenden Fällen bei Carnallitit- und Steinsalzlagerstätten 300 m, können diese Vorräte nur in die Klassen C_1 oder C_2 eingestuft werden.

4.5. Wurden bei der Erkundung neuer Felder mit Hilfe von OT-Bohrungen andere mineralische Rohstoffe (z. B. Kali, Braunkohle) im Deckgebirge des Salzgebirges angetroffen, so sind die entsprechenden Kerne, Unterlagen usw. den zuständigen Erkundungsbetrieben, VVB usw. zu übergeben, die für die Berechnung dieser Vorräte nach den Richtlinien und Instruktionen der ZVK verantwortlich sind. Im Bericht zur Vorratsberechnung sind entsprechende Nachweise beizubringen bzw. Vereinbarungen über die Berechnung dieser Vorräte mitzuteilen.

4.6. Die Berechnung der Vorräte muß auf Rissen und Karten eines solchen Maßstabes erfolgen, daß benachbarte Aufschlüsse mindestens 3—5 cm voneinander entfernt liegen, d. h. in der Regel nicht kleiner als 1:5000—1:10000. Kleinere Maßstäbe bedürfen der ausdrücklichen Zustimmung der ZVK.

4.7. Gem. „Richtlinien der ZVK über Form und Inhalt von Vorratsberechnungen" muß der Bericht ein Kapitel zur industriellen Einschätzung der Lagerstätte enthalten.
Bei neuerkundeten Lagerstätten, insbesondere in neuen Bezirken, gehören dazu vor allem die optimale Jahresförderung eines zukünftigen Betriebes und seine Lebensdauer, orientierungsmäßiger Umfang der benötigten Investitionen, erwartete Selbstkosten einer Tonne Rohsalz und K_2O, ihr Vergleich mit analogen Betrieben bzw. dem Durchschnitt des Industriezweiges, erschwerende (die Produktion verteuernde) Umstände usw.
Bei bereits in Abbau stehenden Betrieben sind vor allem anzugeben: jährliche Gewinnung, Gewinnungsverluste, Perspektiven der Vorratserweiterung, erwartete Lebensdauer bei den vorhandenen Gesamtvorräten, Gestehungskosten, Vergleich mit analogen Betrieben und Durchschnitt des Industriezweiges.

5. Die volkswirtschaftliche Bedeutung der Vorräte

5.1. Die in den §§ 13—17 der Vorratsklassifikation formulierte volkswirtschaftliche Bedeutung der einzelnen Vorratsklassen und ihrer Gesamtheit wird für Kali- und Steinsalzlagerstätten durch Instruktionen und Weisungen konkretisiert, welche die Staatliche Plankommission herausgibt.

5.2. Für Entscheidungen, die durch diese Weisungen nicht berührt werden, sind die entsprechenden Festlegungen der Vorratsklassifikation maßgebend.

ZENTRALE VORRATSKOMMISSION
FÜR MINERALISCHE ROHSTOFFE DER DDR

Der Vorsitzende
Stammberger

---

[4]) Im Sinne des „Oberen" und „Unteren" Lagers der Werra-Kalisalze.
[5]) Zum Beispiel besteht „Flöz Hessen" aus Begleitflöz, Steinsalzmittel (0,5 m mächtig) und Hartsalzlager.
[6]) Zum Beispiel „Flöz Thüringen", bei dem ein hangendes Carnallititlager und ein liegendes Hartsalzlager vorhanden sind.

Instruktion zur Anwendung der „Klassifikation der Lagerstättenvorräte fester mineralischer Rohstoffe“ auf Steinkohlenlagerstätten der DDR

2. Steinkohlen-Instruktion vom 20. 6. 1963

INHALT

1. Der Rohstoff und seine Lagerstätten in der DDR

1.1. Der Rohstoff

1.1.1. Kohlen sind brennbare organogene Sedimentgesteine pflanzlicher Herkunft, die sich durch den Inkohlungsprozeß im Laufe der Erdgeschichte gebildet haben. Hierher gehören Torfe, Braunkohlen und Steinkohlen.

1.1.2. Steinkohlen besitzen eine schwarze Farbe, der Kalilaugeauszug und der Salpetersäureauszug sind farblos, die Schwelgasabgabe erfolgt erst bei Temperaturen über 325 °C, der Wassergehalt schwankt definitionsgemäß zwischen 2 und 7%, die Verbrennungswärme (af)[1]) liegt über 5700 kcal.

1.1.3. Nach dem makropetrographischen Befund werden Streifenkohle (auch Glanzstreifenkohle, Mattstreifenkohle) und Verwachsenes (Brandschiefer, feinstreifige Wechsellagerung von Kohle und Bergen, stark verunreinigte Kohle) unterschieden.
Streifenkohle und Verwachsenes können sich im wechselnden Verhältnis aus Glanzkohle, Mattkohle, Faserkohle und anorganischen Bestandteilen aufbauen.

1.1.4. Nach dem Verwendungszweck werden gemäß TGL 5179 (verb. ab 1. 10. 1963) verkokbare Steinkohle und Steinkohle für energetische Zwecke unterschieden.
Verkokbare Steinkohlen sind Steinkohlen der statistischen Gruppen IV bis VI des Internationalen Klassifikationssystems für Steinkohlen TGL 14474, die allein oder in Mischung mit anderen Steinkohlen verkokt auf Grund ihrer Ballastkennzahlen einen den gültigen Standards genügenden Steinkohlenkoks ergeben.
Alle anderen Steinkohlen werden als Steinkohle für energetische Zwecke bezeichnet.

1.2. Lagerstätten- und Flöztypen

1.2.1. Die Steinkohlenlagerstätten der DDR lassen sich nach den Lagerungsverhältnissen der kohleführenden Schichten, der Tektonik und den bergtechnischen Verhältnissen drei Typen zuordnen, zu deren Untersuchung nach Charakter und Umfang z. T. unterschiedliche Maßnahmen erforderlich sind und bei deren Vorratsberechnung verschiedene Voraussetzungen erfüllt sein müssen.

Lagerstättentyp I
Horizontale oder flachgeneigte Lagerung der Flöze, durch Bruchtektonik nicht oder nur wenig gestört, übersichtliche Lagerungsverhältnisse der kohlenführenden Schichten.

Lagerstättentyp II
Horizontale oder flachgeneigte Lagerung der Flöze, durch Bruchtektonik stärker bis stark gestört, übersichtliche Lagerungsverhältnisse der kohlenführenden Schichten.

Lagerstättentyp III
Horizontale oder geneigte Lagerung der Flöze, durch Bruchtektonik stärker bis stark gestört, nichtübersichtliche Lagerungsverhältnisse der kohlenführenden Schichten.

1.2.2. Lagerstätten mit steil einfallenden Flözen haben in der DDR zur Zeit keine wirtschaftliche Bedeutung.

1.2.3. Jeder Lagerstättentyp kann ein oder mehrere Flöze enthalten, die nach der Beständigkeit ihrer Eigenschaften in mehrere Flöztypen gruppiert werden:

Flöztyp 1
Aushaltende Flöze, in denen sich Mächtigkeit, Flözaufbau und Kohlenqualität im gesamten Ablagerungsbereich (ausgenommen die Randgebiete) durch Beständigkeit auszeichnen und den Konditionen entsprechen.

Flöztyp 2
Flöze, in denen Mächtigkeit, Flözaufbau und Kohlenqualität schwanken, jedoch außer in den Randgebieten (Auskeilen, Versteinen, Vertauben) den Konditionen entsprechen.

Flöztyp 3
Nichtaushaltende Flöze, in denen Mächtigkeit und Kohlenqualität im gesamten Ablagerungsbereich unter die Konditionsgrenzen sinken können.

1.2.4. Innerhalb eines Gruben- oder Berechnungsfeldes können verschiedene Lagerstätten- und Flöztypen auftreten.

1.3. Begriffsbestimmungen

1.3.1. In dieser Instruktion gilt als Flöz:
eine einfache Steinkohlenschicht, von der vorausgesetzt wird, daß sie auf größere Erstreckung eine verhältnismäßig gleichbleibende Mächtigkeit von mehr als 40 cm besitzt;
eine aus Steinkohlen- und Bergelagen (-schmitzen) zusammengesetzte Schicht, vorausgesetzt, daß die Gesamtkohlenmächtigkeit mehr als 40 cm beträgt und das (oder die) einen Flözteil abtrennende Bergemittel nicht mächtiger als die Mächtigkeit des abgetrennten Flözteiles ist.

1.3.2. Wenn Bergemittel auf größere Erstreckung mächtiger sind als Flözteile, empfiehlt es sich, diesen Teilen entsprechende Bezeichnungen (Ober-, Mittel-, Unterbank) zu geben. Jedes dieser Flözteile gilt für die Berechnung als selbständiges Flöz, vorausgesetzt, daß für jedes Flözteil die Bedingungen 1.3.1. erfüllt sind.
(Ausnahmefälle sind bei entsprechender Begründung zulässig.)

1.3.3. Wenn einzelne Steinkohlenschichten eine so geringe Mächtigkeit besitzen, daß sie jetzt und in näherer Zukunft ohne ökonomische Bedeutung sind, empfiehlt es sich, diese Eigenschaft bereits in der Bezeichnung zum Ausdruck zu bringen.

1.3.3.1. Kohlenschmitzen heißen Steinkohlenschichten dann, wenn ihre Mächtigkeit im Beobachtungspunkt nicht mehr als 5 cm erreicht.

---
[1]) Die Bestimmungsbedingungen sind allgemein: 30 °C und 97% relative Luftfeuchtigkeit.

1.3.3.2. Kohlenlagen heißen Steinkohlenschichten dann, wenn ihre Mächtigkeit im Beobachtungspunkt größer als 5 cm, jedoch geringer als 40 cm ist.

1.3.4. Für die Vorratsberechnung und die industrielle Einschätzung wird die einheitliche Anwendung folgender Begriffe festgelegt:

1.3.4.1. Anstehende Kohle ist die Rohstoffmenge (Steinkohle und Verwachsenes) des anstehenden Flözes unter Einbeziehung des Ballastes (Asche und Wasser) und der Bergemittel bis zu einer Mächtigkeit von 1 cm.
Bergemittel und unvermeidlicher Nachfall, die mächtiger als 1 cm sind, werden ausgesondert.

1.3.4.2. Rohkohle ist die losgelöste „anstehende Kohle", zusätzlich verunreinigt durch nichtaushaltbare Bergemittel und nichtaushaltbaren Gesteinsnachfall.

1.3.4.3. Rohförderkohle ist die Rohkohle, verringert um die Gewinnungs- und Förderverluste und zusätzlich verunreinigt durch nichtausgehaltene Berge und Fremdberge, insbesondere aus Streckennachrissen.

1.3.4.4. Verwertbare Förderung ist jener Anteil der Rohförderkohle, der nach dem Aufbereitungsprozeß zur thermischen Kohleveredlung oder zu energetischen Zwecken verwendet wird.
Bei der Vorratsberechnung wird die im anstehenden Flöz enthaltene verwertbare Förderung (Steinkohle und Verwachsenes) nach den vorgegebenen Konditionen ohne Abzug der Verluste ermittelt.

2. Die Untersuchung des Rohstoffes und der Lagerstätte

Die durchgeführten Untersuchungen können nur dann als ausreichend angesehen werden, wenn zuverlässige Angaben über Menge und Qualität des Rohstoffes sowie die geologischen, hydrogeologischen und bergtechnischen Verhältnisse vorliegen, d. h., wenn auf der Grundlage der Untersuchungsergebnisse eine zuverlässige Vorratsberechnung und industrielle Einschätzung der Lagerstätte möglich sind. Die Erfüllung dieser Forderung wird am Untersuchungsgrad der Lagerstätte gemessen, der sich aus dem Erkundungs- und dem Erforschungsgrad zusammensetzt.

2.1. Zum Erkundungsgrad gehören Art und Umfang der durchgeführten Erkundungsarbeiten, ihr spezifischer Umfang und ihr Gesamtumfang, ihre räumliche Verteilung auf der Lagerstätte und die Qualität ihrer Durchführung; die Zuverlässigkeit der Lagerstättenumgrenzung, Art und Umfang der Bemusterung und die Qualität ihrer Durchführung sowie die exakte Dokumentation der genannten Arbeiten.

2.1.1. Steinkohlenlagerstätten werden in der DDR hauptsächlich durch Bohrungen erkundet. Nur in Sonderfällen (ausgenommen hohe Klassen) sind bergmännische Erkundungsarbeiten in neuentdeckten Lagerstätten gerechtfertigt.

2.1.1.1. Die Wahl des Bohrnetzes (quadratisch, rechteckig, rhombisch, Erkundungslinien usw.) und der optimale Abstand der Bohrlöcher voneinander werden durch Lagerung und Beständigkeit der Flöze (Lagerstätten- und Flöztyp) beeinflußt. Er kann nicht allgemein vorgeschrieben werden, sondern muß für jeden konkreten Fall vom Erkundungsgeologen ermittelt werden.

Tabelle 1

Lagerstätten-typ	Flöz-typ	A	B	C_1	C_2
I	1	500	700	1000	2000
	2	400	600	800	1600
	3	200	300	600	1200
II	1	200	300	600	1200
	2	150	250	500	1000
	3	100	200	400	800
III	1		200	400	800
	2		150	300	600
	3		100	200	400

2.1.1.2. Die in der Tabelle 1 gegebenen Richtwerte stützen sich auf die praktische Erfahrung in der DDR und unterstellen durchschnittliche Verhältnisse für Flöz und Lagerstätte des betreffenden Typs. Übergänge von einem Typ zum anderen und Abweichungen vom Durchschnitt — eine in der Praxis häufige Erscheinung — verpflichten den Erkundungsgeologen daher in jedem Fall, die Richtigkeit der von ihm gewählten Bohrlochabstände (auch bei Übernahme der Richtwerte) zu begründen.

2.1.1.3. Von jedem Bohrloch sind Lage und Höhe des Ansatzpunktes sowie Richtung und Neigung der Bohrlochachse zu bestimmen; ebenso ist die Endteufenkontrolle durchzuführen.

2.1.1.4. Der Kerngewinn muß in den Flözen und im unmittelbaren Nebengestein der Flöze (im Hangenden bis zur zweifachen Flözmächtigkeit) mindestens 80% betragen. Bei geringerem Kerngewinn können geophysikalische Angaben zur Festlegung der Flözmächtigkeit nur zugrunde gelegt werden, wenn die geophysikalischen Ergebnisse durch bergmännische Arbeiten im Bereich der Lagerstätte bestätigt wurden.

2.1.1.5. Liegt für mehrere benachbarte Bohrpunkte gem. 2.1.1.4. unzureichender Kerngewinn vor, können solche Vorräte nach den tatsächlich vorliegenden Unterlagen (des Teilkernes) gesondert berechnet und als Mindestvorräte in Klasse C_2 ausgewiesen werden, wenn der Teilkern bereits ihren Bilanzcharakter nachweist und ihre Qualität aus einzelnen vollständigen Kernen oder in Analogie zu benachbarten Lagerstättenteilen hinreichend bestimmt werden kann.

2.1.2. Zur Bemusterung werden Probenahme, Probenvorbereitung, Probenuntersuchung und Kontrolle der Ergebnisse gerechnet.

2.1.2.1. Jedes erkundete Flöz ist getrennt zu bemustern.

2.1.2.2. Kohlenlagen werden dann in die Untersuchung einbezogen, wenn ihr Anschwellen in noch zu erkundenden Lagerstättenteilen erwartet wird oder andere zwingende Gründe vorliegen.

2.1.2.3. Die Länge der Probenintervalle ist abhängig vom Verwendungszweck des Rohstoffes und der Abbautechnologie und richtet sich nach dem geologisch-petrographischen Aufbau des Flözes sowie der makroskopischen Flözaufnahme.

2.1.2.4. Mittel (Schieferton, Sandstein usw.) über 1 cm Mächtigkeit sind in das Untersuchungsmaterial nicht einzubeziehen. Sie sind bei der qualitativen Kennzeichnung rechnerisch zu berücksichtigen.

2.1.2.5. Für die Probenahme in bergmännischen Bauen wird die Schlitzprobe empfohlen. Es ist dafür die „Richtlinie für die Entnahme und Auswertung von Schlitzproben im Bereich der VVB Steinkohle" (vom 15. März 1962) maßgebend.

2.1.2.6. Die Abstände der Einzeluntersuchungen in bergmännischen Bauen sind abhängig von der Beständigkeit der Flözausbildung und betragen 10—100 m. Sie werden für jede Lagerstätte (und jedes Flöz) durch den Betriebs- oder Erkundungsgeologen festgelegt und sind innerhalb eines Berechnungsblockes unbedingt einzuhalten. Der gewählte Probenahmeabstand und vorhandene Abweichungen sind zu begründen.

2.1.2.7. Die Probenahmestellen sind nach Lage und Höhe einzumessen und in einem Bemusterungsriß darzustellen.

2.1.3. Die sorgfältige geologische Dokumentation, d. h. die systematische Erfassung aller Beobachtungen und Ergebnisse der geologischen Erkundung, ist eine unerläßliche Voraussetzung zur Anfertigung der Vorratsberechnung. Für die ordnungsgemäße Durchführung der Dokumentation und die sachliche Richtigkeit der dokumentierten Daten trägt der Unterzeichner der geologischen Dokumente die volle Verantwortung.

2.2. Zum Erforschungsgrad gehören Untersuchungen der Rohstoffqualität, der technologischen Eigenschaften des Rohstoffes, der bergtechnischen und hydrogeologischen Verhältnisse, die geologische Analyse aller Erkundungsdaten und die Erforschung der Lagerstättengenese.

2.2.1. Rohstoffliche Untersuchungen

Das Probenmaterial ist chemisch und physikalisch so zu untersuchen, daß eine eindeutige und den Forderungen der Industrie entsprechende qualitative und technische Kennzeichnung des Rohstoffes möglich ist.

2.2.1.1. Jene Eigenschaften des Rohstoffes, die entscheidend seine Qualität und die Richtung seiner Nutzung bestimmen und innerhalb der Lagerstätte nicht unbedeutenden Schwankungen unterliegen, müssen in allen Proben bestimmt werden. Es sind dies:

Wassergehalt (Gesamtfeuchtigkeit),
Aschegehalt,
Schwefelgehalt (Gesamtschwefel),
Gehalt an flüchtigen Bestandteilen,
Back- und Kokungsvermögen,
Verbrennungswärme,
Rohstoffdichte.

2.2.1.2. Jene Eigenschaften des Rohstoffes, die geringeren oder unbedeutenden Schwankungen unterworfen sind, werden nur wahlweise — jedoch in ausreichender Häufigkeit — in Proben bestimmt. Es sind dies:

Elementaranalyse,
Ascheschmelzverhalten,
Aufbereitbarkeit.

2.2.1.3. Für die Bestimmung der genannten Werte sind die gemäß TGL vorgeschriebenen Untersuchungsverfahren anzuwenden. Zur Ermittlung der Verwachsungsverhältnisse der anstehenden Kohle wird eine Dichte-Asche-Analyse durchgeführt, die bei zur Verkokung geeigneter Kohle auf eine Dichte-Asche-Schwefel-Analyse zu erweitern ist. Die Auswertung erfolgt durch die Mittelwertkurve nach MEYER (Formularvordruck der VVB Steinkohle).

Für Untersuchungen und Auswertungen gilt die „Richtlinie für die Entnahme und Auswertung von Schlitzproben im Bereich der VVB Steinkohle" (vom 15. März 1962).

2.2.1.4. Liegen ausreichende Erkenntnisse vor, daß einzelne der in 2.2.1.1. aufgezählten Rohstoffeigenschaften innerhalb der Lagerstätte oder in Lagerstättenteilen nur geringen Schwankungen unterliegen, so können für diese Eigenschaften größere Untersuchungsabstände festgelegt werden.

Sinngemäß kann verfahren werden, wenn einzelne Rohstoffeigenschaften für den feststehenden Verwendungszweck der Kohle von untergeordneter Bedeutung sind. Derartige Festlegungen sind in jedem Fall in den Erläuterungen zur Vorratsberechnung zu begründen.

2.2.1.5. Die Zuverlässigkeit der Analysenangaben muß durch Kontrollanalysen bestätigt werden. Hierfür ist die entsprechende Anweisung der ZVK über „Innere und äußere Kontrolle" maßgebend.

2.2.1.6. Die Rohstoffdichte ist aus Reihenuntersuchungen zu bestimmen. Eine kritiklose Übertragung der Rohstoffdichten aus anderen Lagerstätten ist unzulässig. Die Berechnung der Rohstoffdichte erfolgt gewöhnlich aus den Ergebnissen der Dichte-Asche-Analysen. Bestimmungen nach dem Bohrkern sind gestattet, wenn die entsprechenden Voraussetzungen gegeben sind.

2.2.1.7. Für neuerkundete Lagerstätten sind zur Ermittlung der Aufbereitungs- und Verwendungsmöglichkeiten des Rohstoffes eingehende Untersuchungen erforderlich. Der Bericht über das Ergebnis dieser Untersuchungen ist mit der Vorratsberechnung vorzulegen.

Wenn derartige Versuche nicht durchgeführt wurden und der eindeutige Nachweis, daß der gleiche Rohstoff in anderen Lagerstätten bereits aufbereitet wird und seine Verwendung geklärt ist, fehlt, können die Vorräte nur in Klasse C_2 eingestuft werden.

2.2.1.8. Makro- und mikropetrographische Untersuchungen geben Hinweise für die Einsatzmöglichkeiten des Rohstoffes. Im Stadium der Vorerkundung sind petrographische Untersuchungen bei allen erbohrten Flözen durchzuführen. Während der eingehenden Erkundung und in den bereits in Abbau befindlichen Lagerstätten sind diese Untersuchungen lediglich für den vorgesehenen Verwendungszweck weiterzuführen. Ihr Umfang ist in Zusammenarbeit mit den entsprechenden Instituten festzulegen.

2.2.2. Paläontologische Untersuchungen haben u. a. für die Flözparallelisierung Bedeutung. Ihr Umfang ist in Zusammenarbeit mit den entsprechenden Instituten festzulegen.

2.2.3. Im Laufe der Erkundung sind die hydrogeologischen und bergtechnischen Verhältnisse zu klären. Folgende Arbeiten sind durchzuführen:

2.2.3.1. Die Untersuchung des Deckgebirges auf:

die Anzahl der wasserführenden Horizonte, ihren lithologischen Charakter, ihre Verbreitung, Mächtigkeit, ihr hydrostatisches Niveau, Chemismus des Wassers, Einzugsgebiet usw.; Schwimmsand oder ähnliche Schichten, die die bergmännischen Arbeiten erschweren könnten; das Vorhandensein wasserundurchlässiger Schichten, die physikalischen und gebirgsmechanischen Eigenschaften der Gesteinspakete; die Klärung der Tektonik.

2.2.3.2. Die Untersuchung der flözführenden Schichten auf:

Wasser- und Gasführung; Aufbau und Zustand des Hangenden und Liegenden eines jeden Flözes; tektonisch gestörte Gebirgszonen; die physikalischen und gebirgsmechanischen Eigenschaften des Nebengesteins und der Kohle (z. B. Bohrfähigkeit, Standfestigkeit, Klüftigkeit, Stückigkeit); Schlechten und Klüfte nach Streichen, Einfallen und Häufigkeit; Leitschichten in den Flözen (z. B. streifen- oder bankartig eingelagerte mineralische Verunreinigungen, Quarz- oder Kaolinschichten, Tonsteinhorizonte, Toneisenstein- oder Dolomitknollen) und im Nebengestein (z. B. typische fossilführende Horizonte, Toneisensteinflöze).

2.2.3.3. Die Untersuchung der Liegendschichten auf:

Wasser- und Gasführung; die physikalischen und gebirgsmechanischen Eigenschaften der Gesteinspakete.

2.2.4. Bei Durchführung bergmännischer Erkundungsarbeiten sind Beobachtungen über den Gebirgsdruck und seine Auswirkungen sorgfältig zu registrieren und auszuwerten.

2.2.5. Wenn die unter 2.2.3.—2.2.4. geforderten Untersuchungsergebnisse bereits aus benachbarten Grubenbauen bekannt sind und ihre Übertragung nachweislich zulässig ist, kann auf die Durchführung besonderer Untersuchungen verzichtet bzw. ihr Umfang weitgehend eingeschränkt werden.

3. Die Einstufung der Vorräte in die Vorratsgruppen und -klassen

Die Bestimmungen der „Klassifikation der Lagerstättenvorräte fester mineralischer Rohstoffe der DDR" zur Einstufung der Vorräte werden auf Steinkohlenlagerstätten wie folgt angewendet:

3.1. Einstufung in die Vorratsgruppen

3.1.1. Die Einstufung in die Vorratsgruppen erfolgt auf der Grundlage von Konditionen, die durch die Staatliche Plankommission bestätigt wurden.

3.1.2. Für die Berechnung der Außerbilanzvorräte von Steinkohlen werden in den Konditionen untere Grenzwerte festgelegt. Steinkohlenvorräte, deren Kennwerte unter diesen Grenzwerten liegen, sind nach den Definitionen der ZVK keine Vorräte und werden in den Vorratsberechnungen nicht erfaßt.

3.1.3. Prognostische Vorräte gemäß § 4 der 2. Vorratsklassifikation werden für größere geologische Einheiten (z. B. Erzgebirgisches Becken, Hallesche Mulde) berechnet.

3.1.3.1. Zur Untergruppe Delta-1 gehören Vorräte solcher Gebiete, die auf Grund regionaler Untersuchungsergebnisse mit bereits erkundeten Flächen verglichen werden können und in denen der Rohstoff mindestens in einem Punkt nachgewiesen wurde, d. h., für die prognostische Vorräte mit Hilfe der Methode der Analogie berechnet werden können.

3.1.3.2. Zur Untergruppe Delta-2 gehören Vorräte in solchen Gebieten, für die die Anwendung der Methode der Analogie wegen fehlender Unterlagen nicht möglich ist und die Verbreitung des Rohstoffes lediglich auf Grund allgemeiner regional-geologischer, stratigraphisch-fazieller, geophysikalischer usw. Unterlagen nur angenommen wird.

3.2. Einstufung in die Vorratsklassen

Die Einstufung der Vorräte in die Vorratsklassen erfolgt nach dem Untersuchungsgrad. Dabei müssen alle im § 5 der 2. Vorratsklassifikation fester mineralischer Rohstoffe gestellten Forderungen für die jeweilige Klasse erfüllt sein. Für Steinkohlenlagerstätten werden diese Bedingungen wie folgt präzisiert:

3.2.1. Klasse A (a)

3.2.1.1. Der Vorratsblock wurde bergmännisch erkundet und mindestens dreiseitig umfahren; die Erkundungsabstände entsprechen den Richtwerten der Tabelle 1 oder den für die konkreten Verhältnisse ermittelten Werten. Die Kohlenführung muß lückenlos beobachtet werden können, ihr Verhalten in Aufschlußlücken (nichtaufgefahrene Seite des Blockes) darf keinen Zweifel hervorrufen.

3.2.1.2. Bei Erkundung durch Bohrungen oder bergmännische „Punkt"aufschlüsse[2]) muß in allen fündigen Aufschlüssen, auf die sich die Berechnung des Vorratsblockes stützt, der für Klasse A (a) vorgesehene Abstand eingehalten sein.
Derartige Blöcke dürfen nur dann in Klasse A (a) eingestuft werden, wenn in den Aufschlüssen keine sprunghaften Veränderungen in Beschaffenheit und Mächtigkeit der Flöze festgestellt wurden bezw. erwarten lassen.

3.2.1.3. Der geologische Bau muß für den Berechnungsblock geklärt sein. Dazu gehört u. a., daß die abbaubegrenzende Tektonik, das Streichen und Einfallen des Flözes, der petrographische Aufbau der unmittelbaren Hangendschichten bekannt sind. Die Kleintektonik[3]) im Berechnungsblock muß so weit geklärt sein, daß die bergmännische Gewinnung nach Plan geführt werden kann.

3.2.1.4. Die Flözparallelisierung ist eindeutig geklärt.

3.2.1.5. Die hydrogeologischen, bergtechnischen und sonstigen den späteren Abbau beeinflussenden Faktoren sind bekannt.

3.2.1.6. Auf Grund der vorliegenden Untersuchungsergebnisse sind nicht den Konditionen entsprechende Qualitäten und Mächtigkeiten innerhalb des Berechnungsblockes nicht zu erwarten.

3.2.1.7. Vorräte des Lagerstättentyps III sollten aus ökonomischen Gründen nicht bis zur Klasse A untersucht werden.

3.2.2. Klasse B (b)

3.2.2.1. Der Vorratsblock wurde nach in der Tabelle 1 angegebenen Richtwerten oder den für die konkreten Verhältnisse ermittelten Werten erkundet und der Rohstoff untersucht.

3.2.2.2. Bergmännisch erkundete Vorräte sind mindestens zweiseitig umfahren.

[2]) Das heißt Aufschlüsse in Schächten, Bunkern, Gesteinsstrecken u. a., durch die im Flöz geologisch nur ein „Punkt" beleuchtet wurde.

[3]) Im Sinne des bergmännischen Sprachgebrauches, z. B. Sprünge mit Sprunghöhen bis zur doppelten Mächtigkeit des Flözes.

Durch Bohrungen oder bergmännische Punktaufschlüsse erkundete Vorräte liegen in der Regel im inneren Lagerstättenumriß. In besonderen Fällen kann bei aushaltender Qualität und Mächtigkeit des Rohstoffes ein Grenzstreifen bis zum halben Erkundungsabstand für B in die gleiche Klasse einbezogen werden, um die unzweckmäßige Bildung kleiner Vorratsblöcke zu vermeiden.

3.2.2.3. Der geologische Bau muß für den Berechnungsblock im wesentlichen geklärt sein. Dazu gehört u. a. die Kenntnis der abbaubegrenzenden Tektonik mindestens so weit, daß die Planung bergmännischer Arbeiten — unter Berücksichtigung möglicher zu erwartender Komplikationen — erfolgen kann.
Die Kleintektonik innerhalb des Blockes kann noch unbekannt sein, gewisse Schlüsse über die zu erwartende Störungshäufigkeit müssen sich jedoch aus Nachbarblöcken ziehen lassen.
Der petrographische Aufbau der unmittelbaren Hangendschichten kann nach einzelnen Aufschlüssen bestimmt werden.

3.2.2.4. Die Flözparallelisierung ist geklärt.

3.2.2.5. Die hydrogeologischen, bergtechnischen und sonstigen den Bergbau beeinflussenden Faktoren müssen so weit bekannt sein, daß die Planung der bergmännischen Arbeiten — unter Berücksichtigung zu erwartender Komplikationen — erfolgen kann.

3.2.2.6. Die vorliegenden Untersuchungen müssen eine eindeutige Beurteilung des Vorrates innerhalb des Blockes ermöglichen. Lokale Bereiche, in denen die maßgebenden Parameter unter die Konditionsgrenzen absinken, müssen abgegrenzt werden können. In Erkundungslücken (drei- bzw. zweiseitige Umfahrung) muß das Aushalten der maßgebenden Parameter begründet geschlußfolgert werden können.

3.2.3. Klasse C_1 (c_1)

3.2.3.1. Der Vorratsblock wurde nach den in der Tabelle angegebenen Richtwerten oder den für die konkreten Verhältnisse ermittelten Werten erkundet und der Rohstoff untersucht.

3.2.3.2. Im Anschluß an Vorräte der Klassen A und B können bei entsprechenden geologischen Verhältnissen Vorräte der Klasse C_1 bis auf den halben Erkundungsabstand für diese Klasse extrapoliert werden.
Sie liegen in diesem Falle im Grenzstreifen zwischen innerem und äußerem Umriß.

3.2.3.3. Verläuft die Blockgrenze eines erkundeten C_1-Blockes in der Nähe einer nachgewiesenen tektonischen Störung bekannten Verlaufs oder einer anderen den Abbau begrenzenden Linie, kann die Zwischenfläche bei entsprechenden geologischen Voraussetzungen dem betreffenden C_1-Block hinzugefügt werden, wenn die Entfernung zwischen beiden die Hälfte der C_1-Erkundungsabstände nicht überschreitet.

3.2.3.4. Der geologische Bau, insbesondere die abbaubegrenzende Tektonik, kann noch unzureichend geklärt, muß jedoch so weit bekannt sein, daß die Hauptschwierigkeiten des zukünftigen Abbaus eingeschätzt werden können. Die Kleintektonik kann im Berechnungsblock noch unbekannt sein.

3.2.3.5. Die Flözparallelisierung kann noch unzureichend geklärt, muß jedoch in den Grundzügen bekannt sein.

3.2.3.6. Die hydrogeologischen, bergtechnischen und sonstigen den Bergbau beeinflussenden Faktoren müssen in ihren Grundzügen für die Lagerstätte oder größere Lagerstättenteile geklärt sein.

3.2.3.7. Die Qualitätscharakteristik der Kohle muß allgemein geklärt sein. Die Untersuchungsergebnisse benachbarter Blöcke und charakteristische Ergebnisse für die gesamte Lagerstätte können zur Einschätzung herangezogen werden.
Die technologische Charakteristik kann auf Grund einzelner Laborversuche und begründeter Folgerungen zu gleichen Kohlenarten gegeben werden.

3.2.3.8. Zur Klasse C_1 gehören außerdem in höheren Klassen erkundete Vorräte, wenn sie in tektonisch stark gestörten Zonen, in der Nähe des Auskeilens der Flöze oder anderer Störungen innerhalb der Flözverbreitung liegen und die Flözausbildung nicht ausreichend genau festgestellt werden konnte.

3.2.4. Klasse C_2 (c_2)

3.2.4.1. Der Vorratsblock wurde nach den in der Tabelle 1 angegebenen Richtwerten oder den für die konkreten Verhältnisse ermittelten Werten erkundet und der Rohstoff in Einzelpunkten untersucht bzw. wurden analoge Verhältnisse unterstellt.

3.2.4.2. Im Anschluß an Vorräte der Klassen A, B und (nichtextrapolierte) C_1 können bei entsprechenden geologischen Verhältnissen Vorräte der Klasse C_2 bis auf den halben Erkundungsabstand für diese Klasse extrapoliert werden. Sie liegen in diesem Falle im Grenzstreifen zwischen innerem und äußerem Umriß.

3.2.4.3. Verläuft die Blockgrenze eines erkundeten C_2-Blockes in der Nähe einer nachgewiesenen tektonischen Störung bekannten Verlaufs oder einer anderen den Abbau begrenzenden Linie kann die Zwischenfläche bei entsprechenden geologischen Voraussetzungen dem betreffenden C_2-Block hinzugefügt werden, wenn die Entfernung zwischen beiden die Hälfte der C_2-Erkundungsabstände nicht überschreitet.

3.2.4.4. Wurden in den Aufschlüssen bei C_2-Abständen günstige Verhältnisse angetroffen und läßt die allgemeine geologische Situation eine Extrapolation zu, können an den inneren Umriß der C_2-Vorräte extrapolierte Vorräte der gleichen Klasse bis zum halben Erkundungsabstand für C_2 berechnet werden.

3.2.4.5. Die Klärung des geologischen Baues, der tektonischen, hydrogeologischen und bergtechnischen Verhältnisse kann sich auf die Grundfragen beschränken, die getroffenen Feststellungen dürfen die Gruppeneinstufung des Vorrates nicht in Zweifel stellen.

4. Allgemeine Festlegungen für die Berechnung der Vorräte

4.1. Vorräte in Sicherheitspfeilern

4.1.1. Vorräte in sogenannten „ewigen Sicherheitspfeilern" werden bei der ersten Vorratsberechnung berechnet und der ZVK mitgeteilt. Diese Vorräte werden später nicht mehr berechnet und unabhängig davon, ob es es sich um Bilanz- oder Außerbilanzvorräte handelt, nicht bilanziert. Die Verfügung über die Festlegung des Sicherheitspfeilers ist der Vorratsberechnung abschriftlich beizulegen.

4.1.2. Vorräte in befristeten Sicherheitspfeilern werden berechnet und in der entsprechenden Vorratsgruppe gesondert ausgewiesen.

4.2. Vorräte in abseits gelegenen Restpfeilern oder Restfeldern, deren Abbau z. Z. ökonomisch nicht vertretbaren Aufwand erfordert, werden trotz bilanzwürdiger Ausbildung als Außerbilanzvorräte berechnet, wenn sie noch als Objekt einer zukünftigen industriellen Nutzung betrachtet werden können.
Ist dies nicht der Fall, so werden sie als Verluste nach den hierzu erlassenen Vorschriften abgeschrieben. Diese Maßnahmen sind technisch und ökonomisch zu begründen. Liegen diese Gutachten nicht vor, verbleiben die Vorräte in ihrer entsprechenden Vorratsgruppe.

4.3 In tektonisch stark gestörten Lagerstätten können Vorräte einzelner Abbaublöcke — insbesondere geringmächtiger Flöze — trotz bilanzwürdiger Parameter zu Außerbilanzvorräten werden, wenn die tektonische Beeinflussung eine Gewinnung mit der derzeit bekannten Technologie nicht oder nur mit ökonomisch nicht vertretbarem Aufwand gestattet. Diese Umstufungen sind technisch und ökonomisch zu begründen.

4.4. Festlegungen zur Berechnung

4.4.1. Die Vorräte jeder Rohstoffsorte sind getrennt zu berechnen.

4.4.2. Die Berechnung der Steinkohlenvorräte erfolgt in Abänderung der „Richtlinie der ZVK über Form und Inhalt von Vorratsberechnungen" in kt.

4.4.3. Die Berechnung der Vorräte muß auf Rissen solchen Maßstabes erfolgen, daß benachbarte Aufschlüsse mindestens 3—5 cm voneinander entfernt liegen, d. h. in der Regel nicht kleiner als 1 : 5000 oder 1 : 10000. Kleinere Maßstäbe bedürfen der ausdrücklichen Genehmigung der ZVK.

4.4.4. Die in der DDR z. Z. untersuchten Steinkohlenlagerstätten liegen in technisch erreichbaren Teufen. Sollten in Zukunft tieferliegende Lagerstätten angetroffen werden, ist ihre Bilanzwürdigkeit in jedem Einzelfall zu überprüfen.
Allgemein wird festgelegt, daß die Vorräte bis zu einer Teufe von 1200 m als Bilanzvorräte und von 1200—1500 m als Außerbilanzvorräte geführt werden. Lagerstätten oder ihre Teile, die in noch größere Teufe hinabsetzen, werden in die Vorratsberechnung im allgemeinen nicht einbezogen. In Zweifelsfällen entscheidet die ZVK.

4.4.5. Bilanzwürdige Vorräte eines isolierten Steinkohlenlagers mit begrenzter Vorratsmenge sind zunächst als Bilanzvorräte auszuweisen, und ihre industrielle Einschätzung ist besonders eingehend zu geben. Die ZVK überprüft bei der Bestätigung der Vorratsberechnung die Bilanzwürdigkeit dieser Vorräte und kann sie einer anderen Vorratsgruppe zuordnen.

4.4.6. Wurden bei der Erkundung auf Steinkohle andere mineralische Rohstoffe angetroffen, so sind die entsprechenden Unterlagen (Kern usw.) den zuständigen Erkundungsbetrieben, VVB usw. zu übergeben, die für die Berechnung dieser Vorräte nach den Richtlinien und Instruktionen der ZVK verantwortlich sind.
Im Bericht zur Vorratsberechnung sind entsprechende Nachweise beizubringen bzw. Vereinbarungen über die Berechnung dieser Vorräte mitzuteilen.

4.4.7. In den „Richtlinien der ZVK über Form und Inhalt von Vorratsberechnungen" wird eine industrielle Einschätzung neuerkundeter und in Abbau stehender Lagerstätten gefordert.
Bei neuerkundeten Lagerstätten gehören dazu vor allem folgende Angaben:
optimale Jahresförderung eines zukünftigen Betriebes, erwartete Lebensdauer, orientierungsmäßiger Umfang der notwendigen Grund- und Nachfolgeinvestitionen, zu erwartende Selbstkosten einer Tonne verwertbarer Förderung, Vergleich der Selbstkosten mit denen analoger Betriebe bzw. dem Durchschnitt des Industriezweiges, erschwerende (die Produktion verteuernde) Umstände.
Bei bereits in Abbau stehenden Lagerstätten sind vor allem anzugeben:
Jahresförderung, Abbauverluste, Lebensdauer bei Beachtung der Perspektive und der Gesamtvorräte, Selbstkosten, Vergleich mit analogen Betrieben und dem Durchschnitt des Industriezweiges.

5. Die volkswirtschaftliche Bedeutung der Vorräte

5.1. Die im Abschnitt V der 2. Vorratsklassifikation fester mineralischer Rohstoffe formulierte volkswirtschaftliche Bedeutung der einzelnen Vorratsklassen und ihrer Gesamtheit wird für Steinkohlenlagerstätten durch spezielle Instruktionen und Weisungen der Staatlichen Plankommission geregelt.

5.2. Für Entscheidungen, die durch diese Weisungen nicht berührt werden, sind die entsprechenden Festlegungen der Vorratsklassifikation maßgebend.

ZENTRALE VORRATSKOMMISSION
FÜR MINERALISCHE ROHSTOFFE DER DDR

Der Vorsitzende
Stammberger

Zur Terminologie von Auslaugungserscheinungen[1]

EWALD VON HOYNINGEN-HUENE & FRITZ REUTER, Berlin

(Mitteilung aus dem Zentralen Geologischen Institut, Berlin)

Vorbemerkungen

Die Terminologie bildet eine wesentliche Grundlage für die Verständigung der Wissenschaftler im nationalen und internationalen Bereich. Nur die Beachtung gewisser Gesetze gewährleistet diese Verständigung, schafft die Voraussetzungen für eine exakte Arbeit und schaltet Mißverständnisse aus. Termini sollten kurz sein und den wesentlichen Inhalt eines Begriffes zum Ausdruck bringen. Hierbei sollte die Priorität einer Begriffsprägung, genau wie in der Paläontologie bei der Namensgebung von Fossilien, beachtet werden. Eine Neuprägung sollte nur dann erfolgen, wenn damit wirklich ein neuer Inhalt verbunden ist. Wenn ein Begriff infolge der Wortverbindungen oder einer Wortauslegung nicht dem wirklichen Inhalt entspricht, ist es nicht nötig, von ihm Abstand zu nehmen und dafür ein neues Wort zu setzen. Dies stiftet nur Verwirrung und sollte deshalb vermieden werden. Vor allem aber sollte man davon absehen, allgemeinverständliche Worte und Umschreibungen auf einen spezifischen fachlichen Begriffsinhalt zu reduzieren.

Bei den nachfolgenden Termini handelt es sich um solche, die man in Verbindung mit der Auslaugung von Salzen und Gipsen anwendet. Sie werden in ein internationales ingenieurgeologisches Wörterbuch Eingang finden, das im Auftrage des Rates für gegenseitige Wirtschaftshilfe (RgW) hergestellt wird.

Da manche im Zusammenhang mit Auslaugungserscheinungen gebrauchten Begriffe heute nicht mehr der früher gegebenen Definition entsprechen, andere unterschiedlich angewendet oder neu geprägt wurden, möchten wir verschiedene Begriffe erläutern und gegebenenfalls zur Diskussion stellen, ehe sie in das Wörterbuch aufgenommen werden. Bei den Termini handelt es sich nur um solche, die bereits Eingang in die Literatur gefunden haben. Von Neuprägungen wird Abstand genommen. Es ist besser, etwas zu umschreiben, als es durch ein Wort zum Ausdruck zu bringen, das unklare Vorstellungen zuläßt.

Begriffe von Senkungserscheinungen

Sämtliche Senkungserscheinungen im Zusammenhang mit der Auflösung von Salzen und Gips sind Ausdruck eines geologischen Prozesses, der allgemein unter der Bezeichnung Karst zusammengefaßt wird. Als Karst bezeichnet man die Gesamtheit aller rezenten und fossilen Lösungserscheinungen und die sich daraus ergebenden Formen sowohl oberhalb als auch unterhalb der Erdoberfläche. Derartige Vorgänge spielen sich in durch Wasser löslichen Gesteinen, wie Kalkstein, Dolomit, Gips, Salzen usw., ab. Die einzelnen Karstformen sind nicht ausschließlich an ein bestimmtes Gestein gebunden. Gewisse Unterschiede bestehen vor allem im Grad der Löslichkeit, maßgebend für die Intensität einer Verkarstung ist der Zeitfaktor. Klima, Hydrogeologie u. a. m. stellen überlagernde Faktoren dar. Es können aber sowohl die Gesteinslöslichkeit als auch die hydrogeologischen oder die klimatischen Faktoren die entscheidende Bedeutung für die Karstbildung erlangen.

Ehe es zur Senkung der Oberfläche kommen kann, muß im Untergrund eine Höhle oder Karsthöhle entstehen. Es handelt sich um einen Hohlraum, der überwiegend durch chemische Lösung (selten durch mechanische Vorgänge) entsteht. In ihm fließt zeitweilig oder dauernd Wasser (Höhlenbach); das Wasser kann auch stagnieren. Der Boden der Höhle liegt annähernd horizontal oder ist nur schwach geneigt. Die Längserstreckung übertrifft häufig die Breite um ein Mehrfaches. Die Höhlenbildung geht entweder von Klüften oder von leichter löslichen Einlagerungen im Gestein (z. B. Salzen im Gips) aus.

Unterirdische Hohlräume, die durch chemische Lösung entstanden und bis zu einem gewissen Grade abgeschlossen sind, nennt man Schlotten. Von FULDA (1912) wurde dieser Begriff in Verbindung mit unterirdischen Hohlräumen im Gips der Mansfelder Kupferschieferschächte gebraucht. Die Schlotten können zeitweilig mit stagnierendem Wasser gefüllt sein, das den Hohlraum ganz ausfüllen, bis zu einem gewissen Stand absinken oder sogar ganz ablaufen kann. Hierdurch kommt es in den Schlotten häufig zum Auskristallisieren des Gipses, der die Schlottenwände dicht bedeckt und aus mehr als dm-langen Kristallen bestehen kann. Der schwankende Wasserstand wird in der alten Mansfelder Bergmannssprache als Wog bezeichnet. Nicht selten haben unterirdische Hohlräume, vor allem im Gips, eigenartige Querschnittsformen, aus denen die Entstehungsbedingungen der Höhle abgeleitet werden können. Das Dach (Laugdecke) der Höhle ist relativ eben, und die Seitenwände (Facetten) streben der Höhlenmitte zu. Diese Form des Querschnittes ist ein Ausdruck des spezifischen Gewichtes der stagnierenden Lauge und damit auch der Konzentration des Wassers an gelösten Stoffen.

Diese sogenannten Laughöhlen (BIESE 1931) bilden wahrscheinlich den Ursprung und später auch den unterirdischen Teil eines Erdfalles. Ergänzend sei bemerkt, daß nach BIESE (1931) auch noch Klufthöhlen (die Anlage ist tektonisch, die Höhlenbildung — meist geringeren Ausmaßes — geschieht durch fließendes Wasser) und Quellungshöhlen (sie entstehen an der Oberfläche infolge einer bei der Umwandlung von Anhydrit zu Gips auftretenden Volumensvermehrung, die eine Aufwölbung der Gipsplatten bewirkt) unterschieden werden können. Wenn sich eine Laughöhle (oder auch allgemein eine Höhle) infolge des Nachbrechens der Firste und laufender Auflösung des heruntergebrochenen Materials allmählich vergrößert, kommt schließlich der Zeitpunkt, an dem das Höhlendach bis zu Tage durchbricht. Die eingebrochene Höhle bezeichnet man als Einsturzhöhle und die Erscheinung an der Geländeoberfläche als Erdfall. Synonyme Bezeichnungen sind auch Einsturztrichter (Einsturzdoline) oder Einsturzschlot (wobei sich dieser Begriff mehr auf Einbruchsformen mit eckigen und scharfen Kanten in Kalksteinen, Gips usw. bezieht). Ältere Erdfälle zeigen meist eine Trichterform, wobei die Neigung der Seitenwände dem jeweiligen Böschungswinkel des anstehenden Gesteins entspricht. Erdfälle stehen selten noch in direkter Verbindung mit dem unterirdischen Hohlraum und werden auch allmählich wieder eingeebnet, so daß man sie schließlich von Dolinen kaum noch unter-

[1]) Eingang des Manuskripts in der Redaktion: 11. 5. 1963

scheiden kann. Wenn es zum Nachsacken des eingebrochenen Materials kommt, kann an der gleichen Stelle wieder ein Erdfall entstehen. Es ist auch häufig zu beobachten, daß Erdfälle vergesellschaftet auftreten. Im Gelände oft als Großerdfälle gedeutete große Einbruchsformen sind deshalb auch meist das Ergebnis von vielen kleineren Erdfällen. Die Größe eines Erdfalles (Durchmesser und Tiefe) ist außer von der Größe des unterirdischen Hohlraumes auch von seiner Tiefenlage und der Art der Deckgebirgsschichten abhängig.

Senkungsgebilde, die bruchlos und allmählich entstehen, bezeichnet man als Dolinen. Sie sind trichter- oder schüsselförmig mit $\pm$ steilen Wänden und kreisförmigen oder elliptischen, seltener auch unregelmäßigen Umrissen. Eine Doline entsteht über solchen Stellen, wo ein Substanzschwund oder -verlust im Untergrund stattfindet und das Deckgebirge bzw. die Oberfläche allmählich nachsacken kann. Wenn die Senkung unter besonderen Bedingungen verläuft, wird dies durch Wortverbindungen oder Umschreibungen ausgedrückt. Man spricht z. B. von Einsturzdolinen bei erdfallartigen Einsenkungen (dieser Terminus ist unseres Erachtens aber unglücklich gewählt, da es zweckmäßig ist, streng zwischen Einbrüchen und säkular verlaufenden Senkungen zu unterscheiden). Der Ausdruck Einsturzdoline ist nur gerechtfertigt, wenn innerhalb einer Doline Erdfälle auftreten. Bei einer derartigen Klassifizierung für ingenieurgeologische Zwecke kann man die Unterteilung danach treffen, ob ein Ereignis als Katastrophe oder allmählich verläuft. Bei einer Suffosionsdoline beruhen die Senkungen darauf, daß aus einem Lockergestein bestimmte Kornfraktionen herausgewaschen und z. B. über Gipsspalten in Karsthohlräumen abgeführt werden. (F. & R. REUTER haben 1962 derartige Formen im Bereich des Salzstockes Sperenberg beschrieben.) Es gibt weitere ähnliche Wortverbindungen. Jedoch sollte man sie nur anwenden, wenn für die einzelnen Wortteile festumrissene Begriffsbestimmungen vorliegen oder die Vorgänge in dem Wort klar zum Ausdruck kommen.

Alle bruchlos verlaufenden und auf Auslaugung beruhenden Geländesenkungen werden häufig als Auslaugungssenkungen zusammengefaßt. Auslaugung ist der allgemeine Ausdruck für alle subrosiven Prozesse durch Auflösen des Gesteins in einem Lösungsmittel. Dabei treten lokal wechselnde Verhältnisse zwischen der Löslichkeit des Gesteins und der Aggressivität der Lösung auf. Die Löslichkeit des Gesteins kann als Materialkonstante angesehen werden, die in der Reihenfolge — Kalkstein, Anhydrit bzw. Gips, Steinsalz, Kalisalze — zunimmt. Die Aggressivität der Lösung unterliegt zwischen reinem Niederschlagswasser und gesättigter Lösung extremen Schwankungen, wobei Lösungsgenossen die Aggresivität erhöhen können. So besitzt Salzlauge z. B. eine erhöhte Aggressivität gegenüber Anhydrit, und Sulfatlösungen lösen Kalkstein in stärkerem Maße als reines Wasser. Die Löslichkeit umfaßt zwei Teilfaktoren, die Lösungsgeschwindigkeit und die Menge der in einer Volumeneinheit des Lösungsmittels lösbaren Substanz. Beide Faktoren vergrößern sich mit zunehmender Löslichkeit.

Auslaugungsprozesse gehen in leichtlöslichen Gesteinen ungleich schneller vonstatten, erfassen gleichzeitig größere Gesteinsvolumina und gelangen schneller zu einem Abschluß als in schwer löslichen Gesteinen. Der Abschluß der Auslaugung wird durch völlige Beseitigung des lösbaren Gesteins oder durch völlige Sättigung des Lösungsmittels erreicht.

Dieser physikalisch-chemische, quantitativ erfaßbare Prozeß wird durch andere Faktoren überlagert (Klima, Durchlässigkeit des Deckgebirges, Tiefenlage der Auslaugungsfront, Schichteinfallen, Störungen, Kluftsysteme, morphologische Verhältnisse). Die Überlagerungsfaktoren finden in dem Zufluß von frischem Niederschlagswasser und im Abfluß von $\pm$ gesättigten Lösungen ihren Ausdruck und entsprechen dem Wasserdurchfluß.

Der Wasserdurchfluß wirkt einem Abklingen des Auslaugungsprozesses durch Sättigung der Lösung entgegen. Damit ist die Auslaugung durch das Verhältnis zwischen Löslichkeit des Gesteins und Durchfluß bzw. Abfluß bestimmbar. Sofern das Verhältnis der Auslaugungsfaktoren das gleiche ist, kann es in Gesteinen verschiedener Löslichkeit zu gleichen Auslaugungsprozessen und -formen kommen. Dabei ergeben sich gewisse materialbedingte Regelfälle, die besonders häufig auftreten, ohne die vorgenannte allgemeine Gesetzmäßigkeit der Auslaugung aufzuheben.

Der augenfälligen Form der Kavernen bildenden Auslaugung, die in den schwer löslichen Karbonat- und Sulfatgesteinen vorherrscht, steht die überwiegend flächenhaft wirkende Auslaugung leicht löslicher Salze gegenüber, die B. STEINBRECHER (1959) als Ablaugung bezeichnete. Die Ablaugung ist jedoch, wie wir noch sehen werden, nur ein Spezialfall der Auslaugung. Die Gegenüberstellung von Auslaugung und Ablaugung nach B. STEINBRECHER als gleichgeordnete Begriffe ist nicht akzeptabel.

Die Kavernen bildende Form der Auslaugung zeigt sich an der Oberfläche durch Einbruchsformen (Erdfälle), engräumige Senkungen (Dolinen) und jene große Zahl von Oberflächendepressionen an, durch die die typische Karstmorphologie bestimmt wird. In der Tiefe befinden sich Hohlraumsysteme, die von einem unterirdischen Entwässerungssystem durchflossen und erweitert werden.

Die Dynamik der kavernösen Auslaugung ist folgende:

Lösliche Gesteine, die an der Erdoberfläche anstehen, werden um so ungleichförmiger vom Niederschlagswasser angegriffen, je günstiger die Abflußmöglichkeiten sind. Das Niederschlagswasser hat nicht genügend Zeit, das herausragende Gestein aufzulösen. Der Prozeß der Auflösung vollzieht sich im wesentlichen dort, wo das Wasser zusammenströmt oder nur langsam weiterfließt. Dauernde Wassereinwirkung und ständige — auch periodische — Erneuerung des einwirkenden Wassers sind wichtigste Voraussetzungen für größere Lösungsprozesse im Gestein. So unterliegen die herausragenden Gesteinspartien nur äußerst geringen Lösungserscheinungen, während die Gesteinszerstörung in Rinnen und Tälern bedeutend schneller verläuft. Dieser generelle Unterschied wird um so krasser, je geringer die Löslichkeit des Gesteins und die Dauer der Wassereinwirkung auf das Gestein sind; letztere ist klimatisch und morphologisch bedingt. Aus diesen Faktoren ergibt sich, daß im Gebirge bei den am schwersten löslichen Karbonaten die krassesten Unterschiede zwischen gelösten und ungelösten Gesteinspartien entstehen müssen. Jedoch müssen die Löslichkeit des Gesteins und die Niederschlagsmenge ein gewisses Minimum überschreiten, um nicht von den Wirkungen der mechanischen Verwitterung übertroffen und verwischt zu werden.

Unter solchen Verhältnissen kann sich an der Oberfläche keine wassertragende Lockergesteinsschicht bilden. Das lösbare Gestein steht fast überall an der Oberfläche an. Das Niederschlagswasser versickert schnell in Klüften, in denen sich der Lösungsprozeß progressiv vollzieht und zur Ausbildung eines unterirdischen Entwässerungsnetzes führt, welches an ein selbstgeschaffenes Höhlensystem gebunden ist. Auch im oberflächennahen Gips bzw. Anhydrit vollzieht sich die Auslaugung in dieser Weise.

Die flächenhaft wirkende Form der Auslaugung wird bevorzugt bei leicht löslichen Salzen beobachtet und vollzieht sich dort im allgemeinen in Teufenbereichen zwischen 200 bis 600 m unter Gelände. Der Wasserzufluß ist, durch die auflagernden Deckschichten bedingt, nicht an einzelnen Stellen konzentriert, sondern entspricht einer auf ein größeres Gebiet ± gleichmäßig verteilten Durchsickerung mit minimaler Fließgeschwindigkeit. In flachen Niederungen (dort trifft man diesen Auslaugungstyp meist an) sind die hydrostatischen Druckunterschiede gering, so daß es allenfalls nur zum Ausfluß einiger Solquellen kommt. Der Abfluß der Niederschlagswässer vollzieht sich fast vollständig an der Oberfläche. Der Wasserdurchfluß im Auslaugungsbereich ist, auf die Angriffsfläche des Lösungsprozesses umgerechnet, äußerst gering. So sättigt sich das an das Salz herangesickerte Grundwasser sehr schnell und bildet eine konzentrierte schwere Lauge, die die tiefliegenden Teile der Salzlagerstätte gegen weitere Lösungsprozesse abschirmt. Die aus der konzentrierten Lauge herausragenden Salzpartien sind jedoch für nachsickerndes lösefähiges Wasser am ehesten zu erreichen und werden progressiv eingeebnet. Dieser (von B. STEINBRECHER 1959 als Ablaugung definierte) Prozeß führt zur Bildung des von E. FULDA (1923) beschriebenen Salzspiegels.

Der Salzspiegel ist eine horizontale, fast ebene Fläche, die ein unterirdisches Salzlager im Hangenden diskordant zur Lagerung infolge Auslaugung begrenzt. Ein Spezialfall ist der von E. FULDA (1928) beschriebene Salzhang, der bevorzugt bei regulärer Auslaugung auftritt. — H. WEBER (1952) unterscheidet reguläre Salzspiegel am Ausgehenden einer Salzlagerstätte und irreguläre Salzspiegel über Salzsätteln und horstartigen Strukturen. — Die Bildung eines Salzhanges vollzieht sich, wenn außer dem Grundwasserdurchtritt durch das Deckgebirge von oben her seitlich vom Ausgehenden her zutretendes Grundwasser die Salzlagerstätte in ihrer vollen Mächtigkeit angreifen kann. Dabei bildet sich eine gegen das Ausgehende geneigte Subrosionsfläche aus.

Subrosionsflächen (Salzspiegel und Salzhänge) zeichnen sich in der Regel durch geringe, relativ gleichmäßige aber nivellitisch oft meßbare Senkungsbeträge aus, ohne daß es zu Einbruchserscheinungen an der Oberfläche kommt. Im Bereich der ganzen Subrosionsfläche gibt es keinen Punkt, an dem nicht das Deckgebirge bereits um erhebliche Beträge (oft Hunderte von Metern) nach und nach abgesunken ist. Daß dieser Prozeß jedoch keineswegs immer bruchlos verlaufen ist, erkennen wir daran, daß sich das Deckgebirge, und zwar besonders die unmittelbaren Deckschichten, zu einer Einsturzbrekzie aufgelöst hat, die in allen Bohrungen im Auslaugungsbereich angetroffen wird. Das Deckgebirge hat dabei seine ursprüngliche Tragfähigkeit verloren und folgt jedem Substanzverlust in der Unterlage schnell nach, ohne daß es erst zur Ausbildung von Kavernen kommt.

Es ist jedoch nicht richtig, aus diesen Regelfällen abzuleiten, daß die flächenhafte „Ablaugung" an das Steinsalz, die kavernenbildende „Auslaugung" (im Sinne von B. STEINBRECHER 1959) an Gips, Anhydrit und Kalkstein gebunden seien. Die ingenieurgeologische Konsequenz dieser Ableitung wäre, daß nur Erdfallgebiete über einem Gips- oder Kalksteinkarst bautechnisch bedenklich seien, während im Bereich von Subrosionsflächen in Salzgebieten nur geringe überschaubare Schwierigkeiten zu erwarten sind. Das aber trifft leider keineswegs zu.

Sobald nämlich in einem Salzauslaugungsgebiet mit bereits ausgebildeter Subrosionsfläche eine Störung des Ruhezustandes dadurch auftritt, daß die gesättigten Laugen, die die Lagerstätte vor weiterer Auflösung schützen, einen Abfluß erhalten, kommt ein rasanter Auslaugungsprozeß in Gang, der alle Formen kavernöser Auslaugung in riesigen Ausmaßen und in äußerst schneller Entwicklung aufweist. Die Ursachen können tektonischer Art sein oder in künstlichem Eingriff des Menschen (Bergbau, Solegewinnung) bestehen. Derart rasante Auslaugungsprozesse führen sehr schnell entweder die völlige Salzauflösung oder ein neues Ruhestadium herbei, so daß kavernöse Auslaugungsprozesse im Salz unter natürlichen Umständen nur kurzfristig auftreten und daher in der Regel nicht beobachtet werden. Die wenigen bekannten Ausnahmen lassen durchweg menschliche Eingriffe erkennen. Bei der Regeneration von Auslaugungsprozessen im Bereich vormals zur Ruhe gekommener Subrosionsflächen bieten sich vornehmlich deren Randbereiche sowie Störungslinien als Zirkulationswege des Wassers an. Hier pflegen sich dann auch große Kavernen zu bilden, und die ungleichförmigen Senkungen und Einbrüche größeren Ausmaßes pflegen sich auf diese Bereiche zu konzentrieren. Am Salzspiegel des Teutschenthaler Sattels (zwischen Halle und Eisleben) greift die regenerierte Auslaugung mehr als 100 m unterhalb des ursprünglichen Salzspiegels offenbar rinnenförmig aus.

Umgekehrt kann es unter langandauernder Einwirkung langsam zutretender Sickerwässer in Niederungsgebieten auch im Gips eine flächenhafte Subrosion geben (die man analog als Gipsspiegel bezeichnen müßte). In der Edderitzer Mulde (nördlich von Halle) haben das sehr flache Einfallen und die geringe Überdeckung des Hauptanhydrits sowie die klimatischen und morphologischen Bedingungen im Alttertiär die Bildung einer Subrosionsfläche über Gips begünstigt. Dort wurde durch Kupferschieferbohrungen ein diskordantes Subrosionsniveau in annähernd einheitlicher Tiefenlage im subterranen Ausgehenden des Hauptanhydrits festgestellt.

Es ist leicht einzusehen, daß die Auslaugungsdynamik, die zu kavernösen Karstformen führt, stets am Anfang jedes Auslaugungsprozesses steht, ganz gleich welcher Art das auszulaugende Gestein ist, und daß flächenhafte Auslaugungsformen ein Ausklingen der Subrosion anzeigen. Materialbedingt ist vor allem der Zeitfaktor, der bewirkt, daß leicht lösliche Gesteine das kavernöse Anfangsstadium der Auslaugung so schnell durchlaufen, daß man sie fast ausschließlich im Endstadium der flächenhaften Subrosion findet. Schwerer lösliche Gesteine kommen dagegen über das kavernöse Anfangsstadium selten hinaus.

Eine erhebliche Rolle spielt in diesem Zusammenhang die Mächtigkeit der auslaugbaren Gesteinsschicht. Subrosionsflächen können sich nur über großen einheitlichen Massen lösbaren Gesteins bilden. Bei unzureichender Mächtigkeit ist das Gestein völlig aufgelöst, ehe sich eine Subrosionsfläche gebildet hat. Auch das ist ein Grund, warum die geringmächtigen Sulfathorizonte des Harzrandes nur selten Subrosionsflächen bilden können, die über dem Hunderte von Metern mächtigen Steinsalz der Staßfurt-Serie im Auslaugungsbereich regelmäßig angetroffen werden.

Außer dieser dynamischen Charakterisierung der Auslaugung kann eine Untergliederung der an der Oberfläche auftretenden Karstformen vorgenommen werden, und zwar durch Begriffe, die bereits in der Literatur vorkommen und insbesondere auch von den Verf. (v. HOYNINGEN-HUENE 1959 und F. & R. REUTER 1962) angewendet wurden. Als Senkungsmulden wurden muldenartige Senken mit ovalem Umriß bezeichnet. Synonym wird auch der Begriff Senkungswanne benutzt. Demgegenüber spricht man von einem Senkungskessel, wenn besonders starke Senkungen erfolgt sind und der Umriß der Oberflächenform ± kreisförmig ist. Strenggenommen handelt es sich hierbei um eine Doline. F. & R. REUTER (1962) haben deshalb vorgeschlagen, daß man mit dem Begriff Doline solche Gebilde bezeichnet, die Einzelschäden zur Folge haben können (z. B. an einem Haus), und Senkungskessel solche Formen nennt, die in ganzen Ortslagen Schäden hervorrufen können. Ob man anstelle von Doline und Senkungskessel auch Senkungstrichter (dieser Terminus wurde von Vermessungsingenieuren für nivellitisch kartierte Senkungskessel bei den Untersuchungen in Erdeborn angewendet) sagen sollte, darüber kann man geteilter Meinung sein. Durch diesen Begriff wird keine neue genetisch bedingte Geländeform bezeichnet. Dieser Begriff ist also überflüssig.

Eine Doline wurde in Erdeborn durch Bohrungen untersucht. Hier waren mehrere Senkungsformen nivellitisch mit hohen Senkungsgeschwindigkeiten nachgewiesen worden. Die im Zentrum der Doline angesetzten Bohrungen trafen in geringer Teufe kompakten Buntsandstein an, der gegenüber dem auf den umliegenden Höhen anstehenden erheblich abgesunken war und offenbar als kompakter Pfropfen in die Tiefe sank. Ursache des Absinkens war eine regenerierte Salzauslaugung im Salzspiegelniveau bei —150 m NN. In solchen Fällen ist die Erdfallwahrscheinlichkeit gering, wenn die Flächenausmaße der Doline in der Größenordnung unter 100 m liegen.

Jede Doline größerer Spannweite legt den Verdacht nahe, daß tiefliegende Salzauslaugung die Ursache ist. Eine klare Unterscheidung zwischen großen Dolinen und den weitgestreckten Niederungen über Subrosionsflächen gibt es genaugenommen nicht. Zwar könnte man theoretisch so definieren, daß Dolinen allein durch die lokalen Auslaugungsbedingungen erzeugt werden, während das Niederungsgebiet über einer Subrosionsfläche durch den Gebirgsbau begrenzt wird, aber im Einzelfall läßt sich das keineswegs sicher entscheiden. Vom ingenieurgeologischen Standpunkt betrachtet ist es entscheidend, daß sowohl weitgespannte Dolinen als auch Niederungen über Subrosionsflächen folgende Gemeinsamkeiten besitzen:

Die tiefgelegenen ebenen Niederungen weisen, großräumig gesehen, etwa gleichförmige Senkungen auf, die einem dort errichteten Bauwerk erst im Laufe der Zeit Schaden zufügen. Es gibt aber auch Gebiete, in denen die Senkungen den übrigen Teilen vorauseilen. An solchen Stellen kann ein Schaden bereits innerhalb weniger Jahre eintreten, so daß ein Bauwerk infolge der ungleichmäßigen Senkungen wegen Baufälligkeit geräumt werden muß. Bevorzugt treten diese Erscheinungen an den Salzspiegelrändern und im Bereich von Störungen auf. Hoher Grundwasserstand, der mit weiterer Senkung ständig ansteigt und oft zur Bildung von offenen Wasserflächen führen kann, ist ein weiteres großes Hindernis für die Bebauung.

Hanglagen am Rande der Senkungsgebiete sind durch ungleichmäßige Senkungen sowie durch Bildung von Erdrissen und Stufen gefährdet. Zusätzlich ist die Bildung von Erdfällen nicht ganz ausgeschlossen. Ungleichmäßige Senkungen innerhalb ebener Niederungen sind an Störungen gebunden und verlaufen meist annähernd linear.

Als Senkungsspalten bezeichnen wir über größere Entfernungen verfolgbare Spalten an den Rändern von Salzspiegeln, die auf der Seite der Salzablaugungsfläche liegen, nach der hin die Auslaugung fortschreitet. Nach v. HOYNINGEN-HUENE (1959) stellen die Senkungsspalten „Zerrspalten dar zwischen Schollen, die sich von der festen Kernhochfläche ablösen und in Richtung auf die Böschung zur Senke hin abkippen". In Diskussionen mit Fachkollegen wurde wiederholt der Vorschlag gemacht, derartige Erscheinungen durch Umschreibung als „atektonisch gebildete Spalten an den Rändern von Salzspiegeln" zu bezeichnen. Dagegen spricht allerdings, daß die Zerrvorgänge und Kippbewegungen auch auf tektonisch vorgezeichneten Klüften, Spalten und Verwerfungen vor sich gehen können, die senkrecht zum Salzspiegelrand verlaufen.

Die Senkungstendenz eines Auslaugungsgebietes läßt sich am sichersten durch ein engmaschiges Vermessungsnetz, durch morphologisch-geologische Geländeaufnahmen und durch meteorologisch-hydrologische Kontrolle sämtlicher Zu- und Abflüsse des Gebietes abschätzen. Besondere Beachtung erfordern hierbei die möglichst vollständige Erfassung aller Zu- und Abflüsse einschließlich der Niederschläge, die Änderung der Chlorid- und Sulfatgehalte der Oberflächen- und Grundwässer (unter Berücksichtigung des möglichen Einflusses künstlicher Verunreinigungen) sowie die Erfassung von Sickerstellen und Solquellen. Lassen alle diese Faktoren keine Hinweise auf größere Auslaugungsprozesse erkennen, so bestehen gegen eine beliebige Nutzung solchen Geländes so lange keine Bedenken, als keine Eingriffe in den Grundwasserhaushalt vorgenommen werden.

Zusammenfassung

Im Zusammenhang mit der Aufstellung eines mehrsprachigen ingenieurgeologischen Wörterbuches, in das auch Termini über die Salz- und Gipsauslaugung aufgenommen werden sollen, werden die wichtigsten Begriffe erläutert und gegebenenfalls zur Diskussion gestellt. Es handelt sich ausschließlich um Begriffe, die bereits Eingang in die Literatur gefunden haben. Sie umfassen sowohl solche, die die Genese der Auslaugung, als auch solche, die die morphologischen Formen bezeichnen.

Резюме

В связи с составлением международного инженерно-геологического словаря, в котором предполагается привести и понятия соляного и гипсового карста, объясняются важнейшие понятия и ставятся в отдельных случаях на дискуссию. Приводятся исключительно понятия, вошедшие уже в литературу. Они касаются и генезиса выщелачивания и морфологических форм.

Summary

In connection with the compilation of a multilingual engineering-geological dictionary, which will also contain terms of salt and gypsum leaching, the most important concepts are explained and, if necessary, submitted to discussion. The concepts in question are exclusively those which have already found admittance into the literature. They include terms designating both the genesis of leaching and its morphological forms.

Literatur

BIESE, W.: Entstehung der Gipshöhlen am südlichen Harzrand und am Kyffhäuser. — Abh. preuß. geol. Landesanst., NF, 137, Berlin 1931.
DETTE, K.: Senkungserscheinungen Erdeborn und gegenwärtige Beurteilung des Gefahrenzustandes in der Ortslage Erdeborn. — Gutachten der StGK, Berlin 1956.
FULDA, E.: Die Verbreitung und Entstehung der Schlotten in der Mansfelder Mulde. — Prüfungsarbeit der preuß. geol. Landesanst. Berlin 1912.
— Salzspiegel und Salzhang. — Z. deutsch. geol. Ges., 75, 10—14, Berlin 1923.
— Salzauslaugung. — Jb. Hall. Verb., 4, 369—379, Halle 1924.
HOYNINGEN-HUENE, E. v.: Salztektonik und Auslaugung im Gebiet der Mansfelder Seen. — Freiberger Forsch.-H. C 56, Berlin 1959.
— Auslaugung oder Ablaugung. — Geologie, 9, 3, 318—320, Berlin 1960.
HUNDT, R.: Erdfalltektonik. — Halle 1950.
REUTER, F.: Geländeschäden durch „Untergrundsenkungen" in Bad Frankenhausen (Kyffhäuser). — Z. angew. Geol., 8, 3, 132—137, Berlin 1962.
REUTER, F. & R.: Ingenieurgeologische Beurteilung und Klassifikation von Auslaugungserscheinungen. — Freiberger Forsch.-H. C 127, 5—47, Berlin 1962.
STEINBRECHER, B.: Die Subrosion des Zechsteingebirges im östlichen und nordöstlichen Harzvorland unter besonderer Berücksichtigung der Edderitzer Mulde. — Geologie, 8, 5, 489—522, Berlin 1959.
WEBER, H.: Pliozän und Auslaugung im Gebiet der oberen Werra. — Geologica, 8, Berlin 1952.

Bauwürdigkeit – Sonderkonditionen[1)]

JAROSLAV ŽEŽULKA, Prag

Die Tschechoslowakische Sozialistische Republik benötigt zum Ausbau ihrer materiellen Basis eine immer größer werdende Menge mineralischer Rohstoffe, ganz besonders Kokskohle, Schwarz- und Buntmetallerze sowie gewisse spezielle Nichterze.

Im Gegensatz zu den kapitalistischen Staaten, in denen als einziges Kriterium der Bauwürdigkeit einer Lagerstätte die Höhe des Gewinns angesehen wird, werden in unserer Gesellschaft die eigenen mineralischen Rohstoffe bevorzugt und das manchmal auch für den Preis eines größeren Aufwands an gesellschaftlich notwendiger Arbeit als in den kapitalistischen Staaten. Das Optimum an gesellschaftlich notwendiger Arbeit wird durch die maximal zulässigen Kosten für die Herstellung des Endprodukts (z. B. für die Produktion von 1 kg Metall im Konzentrat) begrenzt. Diese Kosten werden für alle Metalle auf Grund einer Analyse der vorgeschlagenen staatlichen Großhandelspreise und der Selbstkosten festgelegt, wie sie bei den z. Z. in Abbau befindlichen Lagerstätten erzielt werden. Dabei werden die Sicherung des Rohstoffbedarfs in der Perspektive und einige wirtschaftspolitische Gesichtspunkte berücksichtigt, die in einer Reihe von Fällen die endgültige Entscheidung grundlegend beeinflußten.

Sonderkonditionen stellen eine direkte Funktion zulässiger Kosten in höheren Stadien der geologischen Erkundung und Gewinnung dar, mit denen die allgemeinen volkswirtschaftlichen Grundsätze auf die geologischen, technischen und technologischen Bedingungen einer bestimmten Lagerstätte übertragen werden, wie sie durch die vorausgegangenen Stadien der geologischen Erkundung mit hinreichender Genauigkeit ermittelt wurden.

Sonderkonditionen bringen die Summe jener Erfordernisse zum Ausdruck, die unter Berücksichtigung der Gewinnung, der Verarbeitung und der Ökonomie einer bestimmten Lagerstätte mineralischer Rohstoffe sowie des Zeitraums festgelegt wurden, in dem mit ihrer Nutzung gerechnet wird. Nach diesen Konditionen werden die erkundeten Vorräte als Bilanz- oder Außerbilanzvorräte bewertet. Sonderkonditionen werden in Projekten und Vorratsberechnungen der Detailerkundung und in Vorratsberechnungen von in Abbau stehenden Lagerstätten verwendet. Falls die allgemeinen Konditionen mit der Geologie der Lagerstätte nicht in Einklang stehen oder durch spezifische Eigenschaften der Lagerstätte, durch ökonomische und technische Möglichkeiten ihrer Nutzung stark beeinflußt werden, werden Sonderkonditionen bereits im Stadium der Vorerkundung festgelegt.

Die Methode hierzu wurde in der ČSSR vorläufig nur für Erzlagerstätten ausgearbeitet. Bei der Auswahl geeigneter Methoden für die Erkundungspraxis ging man von folgenden Voraussetzungen aus:

a) Die Methode muß einfach und die Ausgangsdaten müssen der Erkundungspraxis dienlich sein; am geeignetsten ist die Diagrammform.

b) Die ökonomische Berechnung muß ständig mit der geologischen Wirklichkeit verglichen und deren Gegebenheiten systematisch angepaßt werden.

c) Das Ergebnis muß klar ausgedrückt werden, ganz besonders hinsichtlich Nutzung der Lagerstättensubstanz und der Kosten für die Erzeugung des Endprodukts unter Berücksichtigung weiterer Hauptkennziffern, um so die Eignung für einzelne Alternativlösungen beurteilen zu können.

Keine der Methoden für die Bewertung der Bauwürdigkeit von Lagerstätten, die in der ČSSR ausgearbeitet wurden (BRŮŠA & MOŠNA 1959; SOUKUP 1957) entsprach voll diesen Forderungen. Von den ausländischen Vorschlägen ist ohne Zweifel die Methode der Varianten die geeignetste, die allerdings in der Form des Vorschlags von RURA (1958) und der Bearbeitung von STAMMBERGER (1959, 1960 u. 1961) sehr aufwendig und nur für große und wichtige Lagerstätten anwendbar ist. Diese Methode erfordert eine ganze Reihe von genauen Projektunterlagen und respektiert den geologischen Charakter der Lagerstätte nicht restlos.

Deshalb wurde in der ČSSR die sogenannte Methode der geologischen Varianten mit ökonomischer Schätzung ausgearbeitet, die nach den bisherigen Erfahrungen am besten den Bedingungen der geologischen Erkundung entspricht.

Diese Methode beruht auf der Errechnung des minimalen durchschnittlichen Metallgehalts der Lagerstätte α_0 bei maximal zulässigen Kosten für die Gewinnung von 1 kg Metall im Konzentrat. Dabei wird voraus-

---

1) Eingang des Manuskripts in der Redaktion: 16. 2. 1963.
Übers.: GRÖSSL

gesetzt, daß die Kosten für Gewinnung und Verarbeitung von 1 t Rohstoff dem Wert der nutzbaren Komponenten gleich sind, die aus dieser Rohstoffmenge gewonnen werden können. Die Berechnung geht von folgender Beziehung aus, in der alle technisch-ökonomischen Hauptparameter einer Lagerstätte enthalten sind:

$$\alpha_0 = \frac{100^2 \beta_1 (n_0 + n_1 + n_2 + n_3 + n_4)}{\varepsilon_1 (100_c \beta_1 \varepsilon_2 - 100 n_2)} \cdot \frac{100}{100 - z} \quad (1)$$

c = maximal zulässige Kosten für Gewinnung und Verarbeitung von 1 t Rohstoff in Kčs,
c = k1 · c1 + k2 · c2 + k3 · c3
k1, k2, k3 = Menge der nutzbaren Komponenten im Konzentrat, die aus 1 t Haufwerk gewonnen werden in kg,
c1, c2, c3 = maximale Kosten für die Erzeugung von 1 kg Metall im Konzentrat,
n_0 = Kosten für die Gewinnung von 1 t Rohstoff in Kčs,
n_0 = d + h + v + r + e,
d = Abbaukosten für 1 t Rohstoff einschließlich Aus- und Vorrichtung (wörtlich Vorbereitungsarbeiten),
h = Kosten für die Strecken- und Querschlagsförderung,
v = Kosten für die Schachtförderung,
r = Anteil der Allgemeinkosten,
e = Anteil für den Aufschluß und die geologische Erkundung, soweit sie die kommende Gewinnung berücksichtigt haben (Strecken- und Schachtprofile u. ä.),
n_1 = Kosten der Zerkleinerung in Kčs/t,
n_2 = Kosten der Aufbereitung in Kčs/t,
n_3 = Transportkosten über Tage in Kčs/t,
n_4 = Kosten für das Auf- und Ausladen des Rohstoffes in Kčs/t,
α_0 = minimaler durchschnittlicher Metallgehalt des anstehenden Erzes in %,
β_1 = Metallgehalt des Konzentrats in %, umgerechnet auf das Hauptmetall,
z = Verunreinigung beim Abbau in %,
ε_2 = Ausbringen der Aufbereitung in %,
ε_1 = Ausbringen der Zerkleinerung in %.

Die maximal zulässigen Kosten c1, 2, 3 werden direktiv durch die Staatliche Plankommission festgelegt. Die Abbaukosten einer Tonne Rohstoff werden durch alle Arbeitsarten bestimmt, die zum Abbau eines Durchschnittsblocks einer Lagerstätte nach der vorgesehenen Abbaumethode erforderlich sind, die nach den geltenden Preislisten auf 1 t Rohstoff umgerechnet werden. Die Kosten für den Gruben- und Übertagetransport einschließlich der Kosten für Beladen und Entladen sind in Form von Diagrammen ausgearbeitet, die nach Normativangaben zusammengestellt sind. Allgemeinkosten wurden empirisch nach progressiven, z. Z. in Abbau stehenden Lagerstätten festgelegt. Der Anteil für die Aufschlußarbeiten wird nach dem Projekt bestimmt. Zur Bestimmung der Verarbeitungskosten für Aufbereitung und Zerkleinerung des Rohstoffs wurden alle technologischen Rohstofftypen, die in der ČSSR verarbeitet werden, in 30 Gruppen eingeteilt; jede Gruppe ist durch einige Lagerstätten charakterisiert (z. B. „Schlieren von Chalkopyrit-Pentlandit-Erzen mit einem erheblichen Anteil an Pyrrhotin-Komponenten in basischen Gesteinen vom Typ Staré Ránsko und Rožany"). Für jede Gruppe wurde auf Grund von technologischen Versuchen die entsprechende Aufbereitungsart, das Ausbringen und die Kosten für Zerkleinerung und Aufbereitung einer Tonne Rohstoff in Betrieben mit 200, 500 und 1000 t Durchsatzkapazität/Tag festgelegt. Weitere technologische Angaben werden auf Grund von Modellversuchen, bei wichtigen Lagerstätten von halbtechnischen Versuchen, gewonnen. Solche abgeleiteten Angaben muß man allerdings laufend den Tatsachen gegenüberstellen.

Mit der Formel (1) erhalten wir den Gesamtmetallgehalt der verwertbaren und aus dem Rohstoff gewinnbaren Komponenten. An diesem Wert beteiligen sich die einzelnen Komponenten proportional dem Koeffizienten ω, den man nach der Formel von ZÁTKA (1961) errechnen kann.

$$\omega = \frac{c_0' \cdot \varepsilon_1}{c_0 \cdot \varepsilon_0} \quad (2)$$

ω = Umrechnungskoeffizient der Begleitkomponenten auf die Hauptkomponente,
c_0 = max. zulässige Kosten für 1 kg Hauptkomponente im Konzentrat in Kčs,
c_0' = max. zulässige Kosten für 1 kg Begleitkomponenten im Konzentrat in Kčs,
ε_0 = Ausbringen der Hauptkomponente in %,
ε_1 = Ausbringen der Nebenkomponente in %.

Zur Einschätzung der Beziehung des minimalen durchschnittlichen Metallgehalts zum Vorratsumfang und zur Gesamtrentabilität der Produktion wählt man einige Werte des minimalen durchschnittlichen Metallgehalts um den Wert α_0 aus, stellt die Veränderungen des Umfangs der Vorräte und deren Qualität bei den einzelnen Werten α fest und beurteilt, wie sich diese Änderungen in dem projektierten Betrieb auswirken. In letzter Zeit wurden bei diesen Alternativbewertungen in der ČSSR mit Erfolg automatische Rechenmaschinen eingesetzt, die die Gesamtoperation wesentlich beschleunigen und eine Reihe von Alternativen ermöglichen. Bei der Bewertung der einzelnen Alternativen wird die geeignetste α_0' ausgewählt.

Zur Beurteilung der Rentabilität der Lagerstättennutzung wird eine Umstellung der ursprünglichen Formel (1) erforderlich: (3)

$$c' = \frac{\alpha_0' \varepsilon_1 10 n_2 + 1000 \beta_1 (n_0 + n_1 + n_3 + n_4) \dfrac{100}{100 - z}}{\alpha_0' \beta_1 \varepsilon_1 \varepsilon_2}$$

Die Werte in Formel (2) sind die gleichen wie bei (1), es ändert sich lediglich der Wert c' und α_0'.

c' = Selbstkosten für Gewinnung und Verarbeitung von 1 t Rohstoff von minimalem durchschnittlichem Metallgehalt;
α_0' = Wert ermittelt nach Formel (1) und durch Vergleich der einzelnen Alternativen ausgewählt.

Die Rentabilität der Gewinnung sichern wir durch den Vergleich der Werte c' und c.

Der Schwellengehalt läßt sich nicht immer festlegen. Er ist von den spezifischen Bedingungen einer jeden Lagerstätte abhängig. Wenn z. B. ein Lagerstättenkörper eines nutzbaren Rohstoffes makroskopisch scharf gegen das umgebende Gestein abgegrenzt ist, das hinsichtlich Verwertbarkeit bedeutungslos ist, so sind folgende drei Fälle möglich:

a) Ist die Vererzung nach Gehalt und Mächtigkeit stark variabel (der Variabilitätskoeffizient übersteigt 100), so ist die Festlegung des Schwellengehalts unzweckmäßig, da durch die Grenzwerte die Lagerstättenblöcke nach unbauwürdigen Partien gegliedert würden.

b) Ist die Vererzung beständig, ist eine Festlegung des Schwellengehalts nicht erforderlich, da die Abgrenzung naturbedingt ist.

c) Ist die Vererzung nach Mächtigkeit und Qualität variabel, der Variabilitätskoeffizient jedoch kleiner als 100, muß der Schwellengehalt festgelegt werden.

Der Wert des Variabilitätskoeffizienten 100 wurde auf Grund von praktischen Erfahrungen festgelegt und kann verändert werden.

Ist der Lagerstättenkörper unregelmäßig begrenzt und nehmen die nutzbaren Komponenten zum Nebengestein allmählich ab, ist die Festlegung des Schwellengehalts immer erforderlich.

Der Schwellengehalt wird in der ČSSR grundsätzlich für die Bemusterung, zur Erleichterung der Vorratsberechnung, manchmal auch für Erkundungsarbeiten festgelegt. Nach der Vorratsberechnung wird zum Ausgleich der zu gewinnenden Erzqualität der Schwellengehalt für die einzelnen Blöcke fixiert. Dabei ist das Hauptkriterium die maximale Nutzung aller geologischen Vorräte der Lagerstätte.

Zur Beurteilung der geologischen Reichweite des errechneten Werts werden einige Alternativen der Grenzqualität von Bilanzvorräten ermittelt, wobei deren Mittelwert den gesuchten Wert darstellt. In einem oder mehreren Lagerstättenschnitten (bei Ganglagerstätten üblicherweise in der Gangfläche) werden die Bilanzvorräte nach den Alternativangaben des Schwellengehalts umgrenzt und die Änderungen der Umgrenzung und der Verbindung einzelner Lagerstättenkörper überprüft.

Eine objektive Methode für die Bestimmung der Grenzqualität von Außerbilanzvorräten ist sehr kompliziert und bislang in der ČSSR noch nicht erarbeitet worden. Sie hängt besonders von der Entwicklung des Rohstoffbedarfs und der Gewinnungs- und Aufbereitungstechnologie ab, die man gewöhnlich nur allgemein charakterisieren kann. Am zweckmäßigsten läßt man sich davon leiten, daß die Vergrößerung des Umfangs der analytischen Bewertung sowie anderer Arbeiten durch die Bewertung von Außerbilanzvorräten kompensiert wird unter der Voraussetzung, daß derzeitige Außerbilanzvorräte gemeinsam mit den Bilanzvorräten gewonnen werden können. Zur Orientierung kann empfohlen werden, den Wert für Außerbilanzvorräte um $^1/_3$ bis $^1/_2$ des Wertes der Bilanzvorräte zu halten. Durch die Technologie wird dieser Wert nicht grundsätzlich beeinflußt.

Wie die Praxis gezeigt hat, lassen sich ökonomische Erwägungen in Form von Nomogrammen am geeignetsten reproduzieren. Das Nomogramm gestattet, Veränderungen bei variablen Ausgangshauptparametern zu beurteilen. Zu seiner Konstruktion verwendet man die vereinfachte Formel:

$$c = \frac{100^2 \cdot n}{\alpha\, 10\, \varepsilon\, (100 - z)} \tag{4}$$

n = Kosten für Gewinnung und Verarbeitung von 1 t Rohstoff,
α = Metallgehalt des geförderten Erzes,
ε = Gesamtausbringen,
z = Verunreinigung.

Die Schwierigkeiten der reproduzierbaren Methode der Errechnung von Sonderkonditionen bestehen im besonderen in der präzisen Ermittlung der Produktionskosten für 1 t Rohstoff, da man im Stadium der Detailerkundung alle jene Betriebsprobleme nicht voraussehen kann, die die endgültigen Ergebnisse der Praxis beeinflussen. Ein weiteres ungelöstes Problem ist die Festlegung des Schwellengehalts und des Durchschnittsgehalts der Außerbilanzvorräte der Lagerstätte. Als letztes Problem bleibt schließlich das der objektiven Festlegung der minimalen Lagerstättenmächtigkeit auf Grund von exakten technischen Erwägungen zu lösen; denn bei einer Reihe kleiner Lagerstätten ist die Ausarbeitung einer montantechnischen Studie unrentabel. Außerdem sind z. Z. der Festlegung von Konditionen dazu auch keine hinreichenden Unterlagen vorhanden.

Eine Reihe praktischer Beispiele zeigte bereits die Verwendbarkeit der vorgeschlagenen Methode, besonders dann, wenn das Ergebnis im Nomogramm dargestellt wird, aus dem der Einfluß der einzelnen Parameter und deren Veränderungen ersichtlich werden. Wir nehmen an, daß durch weitere praktische Erfahrungen, ganz besonders durch die Lösung obiger Fragen, die vorgeschlagene Art einer praktischen Berechnung von Konditionen präzisiert und ihre Effektivität gesteigert werden wird.

Literatur

Brůša, P. & J. Mošna: Die Ermittlung der Bilanzwürdigkeitsgrenze von Erzlagerstätten. – Praha Rudy, H. 2, Prag 1959.

Rura, D. M.: Promyšlennaja ocenka rudnych mestoroždenij. – Trudy Cvetnet, Moskau 1958.

Soukup, B.: Grenzkonditionen der Bauwürdigkeit, – Praha Rudy, H. 1, Prag 1957.

Stammberger, F.: Zur Festlegung der Konditionen für mineralische Rohstoffe. – Z. angew. Geol., H. 10 (1959); H. 1, 4, 5, 9, 10 (1960); H. 9 u. 11, Berlin 1961.

Zátka, J.: Methodik zur Festlegung allgemeiner Konditionen der Bauwürdigkeit von verwertbaren Mineralien. – Zpráva TEVÚH, Prag 1961.

Žežulka, J.: Methodik der Berechnung von Sonderkonditionen für Erzlagerstätten. – Bericht UGU, Prag 1962.

– Rozwoj bazy surowcowej rjd metali niezelaznych v pastwach kapitalistycznych. – Przeglad Geologiczny, H. 8, Warschau 1960.

Der Einfluß der Bohrspülung auf die Durchführbarkeit und Qualität von Bohrlochmessungen[1]

Klaus Lehnert, Gommern & Dieter Weck, Greifswald

Einleitung

Bohrlochmessungen bezwecken die Untersuchung physikalischer Gesteinseigenschaften in situ. Weil als „Aufschluß" dabei das Bohrloch dient, gehen zwangsläufig die Eigenschaften der Spülung mehr oder weniger stark in das Meßergebnis ein. Die Größe der durch die Spülung bedingten Veränderung des Meßergebnisses wird als „Bohrlocheffekt" bezeichnet und in der Hauptsache durch den Durchmesser der Spülungssäule und die Größe des jeweilig das Meßergebnis beeinflussenden Parameters der Spülung bestimmt. Der Bohrlocheffekt wirkt sich um so nachteiliger aus, je unruhiger das

[1]) Eingang des Manuskripts in der Redaktion: 20. 3. 1963

Bohrlochkaliber ist. In permeable Gesteine eingedrungenes Spülungsfiltrat bedingt eine sogenannte Infiltrationszone, deren Ausdehnung und Eigenschaften die Meßergebnisse ebenfalls beeinflussen können.

Außerdem müssen die mechanischen Eigenschaften der Spülung derart sein, daß die aus Kabel, Sonde und evtl. Beschwerung bestehende Meßgarnitur überhaupt im Bohrloch bewegt werden kann. Um möglichst brauchbare Bohrlochmeßergebnisse zu erhalten, sollte zwischen den Wünschen der Bohr- und Spülungstechnik einerseits und denen der Bohrlochmessung andererseits ein Kompromiß geschlossen werden. Wegen der an sich schon hohen Spülungskosten unterbleibt das jedoch meistens.

Einfluß auf Durchführbarkeit und Qualität von Bohrlochmessungen haben (neben den hier außer Betracht gelassenen Temperatur, Durchsichtigkeit, Sandgehalt, Gasgehalt, Auswaschung von Lockergesteinen durch die Spülung) insbesondere 1. die Spülungsdichte, 2. die Viskosität und Thixotropie, 3. der Elektrolytgehalt, 4. der Gehalt an organischen und anorganischen Chemikalien, 5. die Spülungsinfiltration. Die folgende Darstellung beschränkt sich im wesentlichen auf wasserbasische Spülungen.

Spülungsdichte

Die Bohrlochmeßgarnitur (Kabel, Sonde, Beschwerung) wird in fast allen Fällen durch ihr eigenes Gewicht in das Bohrloch eingefahren. Mit zunehmender Spülungsdichte nimmt der Auftrieb zu, das effektive Gewicht der Meßausrüstung verringert sich also. Ist die Spülungsdichte gleich oder größer als das mittlere spezifische Gewicht der Meßausrüstung, so überwiegt schließlich der Auftrieb, d. h., die Meßausrüstung „schwimmt" und ist nicht mehr ins Bohrloch einzufahren. In solchen Fällen müssen dünne, relativ schwere Stahlpanzerkabel verwendet werden; die Anwendbarkeit von Gummi- bzw. Neoprenkabeln ist auf Bohrlöcher mit einer Spülungsdichte $< 1{,}65$ g/cm^3 beschränkt, wenn man nicht das Risiko des Anbringens einer Reihe schwerer Gewichte eingehen will.

Relativ bedeutungslos ist dagegen die Einwirkung der Spülungsdichte auf die Meßergebnisse. Die auf radiometrische Messungen bei Änderung der Spülungsdichte ausgeübten Effekte sind zwar bemerkbar, können aber, falls erforderlich, durch einfache Korrekturen eliminiert werden.

Rheologische Eigenschaften der Spülung

Viskosität, statische Schubspannung und Thixotropie sind auf die Qualität der erhaltenen Bohrlochmeßergebnisse ohne Einfluß. Da die Messungen aber erst geraume Zeit nach dem Aufhören des Spülungsumlaufs und dem Ausbau des Bohrgestänges erfolgen, ist die Spülung mehr oder weniger thixotrop erstarrt, so daß das evtl. schon wegen ihrer Dichte („Schwimmen" des Kabels) schwierige Einfahren des Kabels unmöglich wird, weil die Spülung Kabel und Meßgarnitur wie in einem Netz „umgarnt", ganz abgesehen von der viskositätsbedingten Reibung zwischen der Oberfläche der Bohrlochmeßgarnitur und der Spülung (genauer zwischen der Spülung und dem der Meßausrüstung anhaftenden Spülungsfilm) sowie der Bohrlochwand.

Ein Beispiel soll dies illustrieren. Ein Bohrloch von 2000 m Teufe ist mit einer Spülung der Dichte $\rho_m = 1{,}85$ g/cm^3 und der statischen Schubspannung $S = 0{,}1$ g/cm^2 gefüllt. Es soll mit Gummikabel vom Typ KTO-4 (Radius $r_k = 1{,}14$ cm, mittl. spez. Gewicht $\rho_k = 1{,}85$ g/cm^3) vermessen werden. Das Kabel ist ohne weitere Vorrichtung überhaupt nicht ins Bohrloch zu bringen, da wegen $\rho_m = \rho_k$ sein Gewicht durch den Auftrieb völlig kompensiert wird. Um es mit der gleichen Geschwindigkeit ins Bohrloch einfahren zu können, die bei einer als normal anzusehenden Spülungsdichte $\rho_m = 1{,}25$ g/cm^3 erreicht würde, muß ohne Berücksichtigung der statischen Schubspannung der Spülung ein Gewicht von etwa

$$P_k \cdot \left(1 - \frac{\rho_m}{\rho_k}\right) = 4{,}65 \cdot 10^5 \text{ g}$$

(P_k = Gewicht des Kabels), also 465 kg, angehängt werden. Die statische Schubspannung aber übt auf das Kabel eine Reibungskraft von mindestens

$$P_r = O_k \cdot S = 1{,}6 \cdot 10^5 \text{ g}$$

(O_k = Oberfläche des Kabels) aus, in Wirklichkeit noch mehr, weil sie nicht direkt an der Kabeloberfläche, sondern an einem unbeweglichen, der Kabeloberfläche anhaftenden Spülungsfilm angreift, also etwa 200 kg. Insgesamt müßte das Kabel daher mit etwa 465 + 200 = 665 kg belastet werden. Dieser Wert gilt nur näherungsweise, gibt aber eine Vorstellung der zu erwartenden Größenordnung. Eine exakte Rechnung würde Neigung und Durchmesser des Bohrlochs, Gewicht und Geometrie der angehängten Meßsonde u. a. berücksichtigen müssen.

Wegen des komplizierten Ineinandergreifens von Dichte, Viskosität, Thixotropie der Spülung, Volumen und Oberflächenbeschaffenheit der Meßausrüstung lassen sich keine genauen Kennwerte angeben, die die Spülung haben muß, um die Bohrlochmessung eben noch zuzulassen. Um die durch die Gesamtwirkung dieser Effekte bestehenden Schwierigkeiten zu reduzieren, sind folgende Mittel bekannt:

1. Verwendung schwerer Meßausrüstungen (Stahlkabel anstelle von Gummikabel, kompakte Meßsonden, Belastungsgewichte bis 1 t);
2. möglichst kurze Stillstandszeit der Spülung, um deren thixotrope Erstarrung auf ein Mindestmaß zu beschränken;
3. Spülungsbehandlung zur Viskositätsverminderung oder auch Spülungswechsel, soweit die bohrtechnischen und geologischen Gegebenheiten dies zulassen;
4. Verwendung von Meßausrüstungen, die nicht auf die Einfahrt durch eigene Schwere angewiesen sind, z. B. Kombination mit der Bohrgarnitur (in der Sowjetunion beim Elektrobohren verwendet), oder Bohrlochmeßsonden, die mittels Eigenantrieb oder mit dem Spülungsstrom ins Bohrloch fahren.
5. Ein Radikalmittel stellt das Verrohren der Bohrung mit anschließendem Spülungswechsel dar. Damit wird aber die Bohrlochmessung auf wenige Meßverfahren beschränkt. Da die Verrohrung meist zementiert werden muß, evtl. produktive Horizonte aber erst hinterher erkannt werden können, ist hiermit auch ein gewisses Risiko verbunden.

Elektrolytgehalt

Der Elektrolytgehalt einer Spülung kann auf die Durchführbarkeit von Bohrlochmessungen kaum einwirken. Dagegen hat er einschneidenden Einfluß auf die Qualität der Ergebnisse elektrischer Bohrlochmessungen (Eigenpotential, Widerstand, induzierte Polarisation).

Eigenpotentialmessungen stellen eine Registrierung spontan entstehender Potentialdifferenzen in der Spülungssäule dar. Ihre absolute Größe E_{SP} genügt annähernd der Formel

$$E_{SP}\,[\text{mV}] = k \cdot \lg \frac{R_m}{R_w}$$

(R_m = spez. Spülungswiderstand, R_w = spez. Widerstand des Schichtwassers, k = vom Typ des Gebirges und der Temperatur abhängige Konstante mit Werten um 50 bis 70). Diese Formel gilt jedoch nur, wenn NaCl als Mineralisationskomponente im Schichtwasser und in der Spülung überwiegt. Zweiwertige Ionen, besonders das in Kalkspülungen enthaltene Ca, können die Eigenpotentialmessung schon in relativ geringer Konzentration ungünstig beeinflussen und ihre Deutung erschweren.

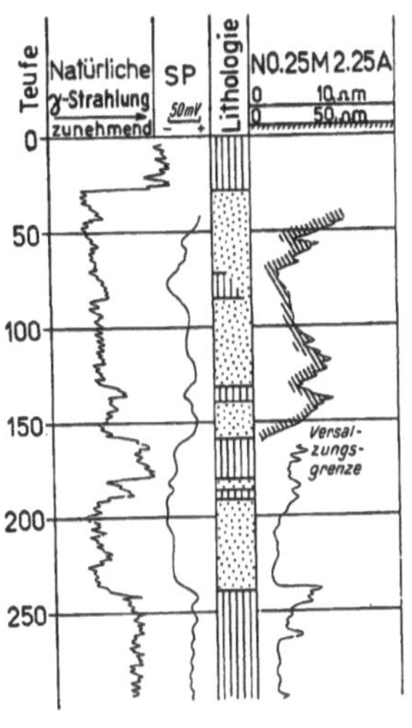

Abb. 1. Oberhalb der Versalzungsgrenze, die sich durch eine starke Widerstandsänderung zu erkennen gibt, zeigen Sande relativ positive, unterhalb relativ negative SP-Werte.

Gewöhnlich ist das Schichtwasser salzreicher als die Spülung. Wie aus dem deutschen Mesozoikum allgemein bekannt ist, werden dann gegenüber Sand- und Kalksteinen negative, gegenüber Tonen, Mergeln, Schluffsteinen relativ positive Eigenpotentiale registriert. Je näher der Salzgehalt der Spülung dem des Schichtwassers ist, um so flacher wird die registrierte Kurve. Sind beide Gehalte gleich, so gilt $R_m \approx R_w$ und damit $\lg (R_m/R_w) = 0$, d. h., die Potentialunterschiede verschwinden, die Eigenpotentialkurve ergibt eine gerade Linie. Wird $R_w > R_m$, so wechselt $\lg (R_m/R_w)$ und damit E_{SP} sein Vorzeichen, und die Kurvencharakteristik kehrt sich um.

Solche umgekehrten SP-Kurven, bei denen Sande relativ positiv, Tone relativ negativ erscheinen, werden oft bei Messungen in geringen Teufen erhalten, da die ersten 50 bis 300 m des durchteuften Gesteins süßwasserführend (d. h. $R_w > R_m$) sind; die Zone des „Umschlagens" der SP-Kurve an der Versalzungsgrenze wird beim Vergleich mit einer Gammastrahlungskurve deutlich, wie dies Abb. 1 zeigt.

In mesozoischen Gesteinsfolgen, z. B. im Buntsandstein, wird bei Wiederholungsmessungen nach Anbohren der Zechsteinsalze ein umgekehrtes SP festgestellt. Abb. 2 zeigt links die „normale" SP-Kurve im mittleren Buntsandstein, rechts die nach dem Aussalzen der Spülung erhaltene „umgekehrte" Kurve. Der Salzgehalt des Schichtwassers liegt hier über dem der zuerst, aber unter dem der zuletzt verwendeten Spülung und kann näherungsweise errechnet werden. Wo hochmineralisiertes Schichtwasser vorliegt, kehrt sich die SP-Kurve beim Versalzen der Spülung nicht um, sondern verflacht, wie dies Abb. 3 zeigt.

In steinsalzführenden Formationen (Zechstein, Röt z. T.) selbst ist das Registrieren einer SP-Kurve zwecklos, da einerseits die Spülung zur Reduzierung der Salzauflösung ausgesalzen werden muß und andererseits oft vagabundierende Ströme (von der Bohranlage, elektrischen Leitungen, Ortschaften, untertägigen elektrischen Anlagen) auftreten, die zeitlich veränderlich sind und die Messung entwerten.

Erfahrungsgemäß werden im Gebiet der DDR gute SP-Kurven erhalten, wenn der spezifische Spülungswiderstand bei 18 °C etwa > 0,4 Ωm ist, was einem Salzgehalt von höchstens 17 g NaCl/Liter entspricht.

Widerstandsmessungen konventioneller Art, d. h. ohne Fokussierung, sind allgemein um so weniger ausdrucksvoll und schwieriger zu interpretieren, je größer das Verhältnis des mittleren spezifischen Gesteinswiderstandes R_t zum spezifischen Spülungswiderstand R_m (d. i. der sogenannte Widerstandskontrast R_t/R_m) wird, kurz gesagt, je größer der Salzgehalt der Spülung ist. Dies ist in erster Linie auf Konzentration des Meßstromes in der besser als das Gebirge leitenden Spülung zurückzuführen. Die Größe dieses Effektes läßt sich graphischen Darstellungen der den gemessenen scheinbaren spezifischen Widerstand R_a beschreibenden Funktion entnehmen [Übergang von einer Kurve mit kleinerem R_t/R_{m1} auf eine zweite mit größerem R_t/R_{m2}, die eine andere Steigung im Diagramm $R_a/R_m = f(L/d)$ hat].

Abb. 3 zeigt links die Überlappungsstelle zweier etwa zwei Wochen nacheinander ausgeführter Standardmessungen. Hier wird man zunächst technische Meßfehler vermuten; denn die bei der ersten und zweiten Messung erhaltenen Kurven sind keineswegs deckungsgleich. In Wahrheit ist aber der Unterschied fast ausschließlich durch die inzwischen nach Anbohren eines Salzstocküberhanges eingetretene Versalzung der Spülung zu erklären. Neben der oben erläuterten Verflachung der SP-Kurve tritt dabei auch eine Niveauverschiebung der sogenannten Unterkantenkurve (A 2,5 M 0,5 N) ein, und zwar von 1,25 auf 1,65 Ωm (theoretisch auf Grund des Abweichungsdiagramms von 1,25 auf 1,5 Ωm), ohne daß sich der tatsächlich 1,2 Ωm betragende wahre spezifische Gesteinswiderstand geändert hätte. Die rechte Seite der Abbildung zeigt diese Niveauverschiebung deutlicher.

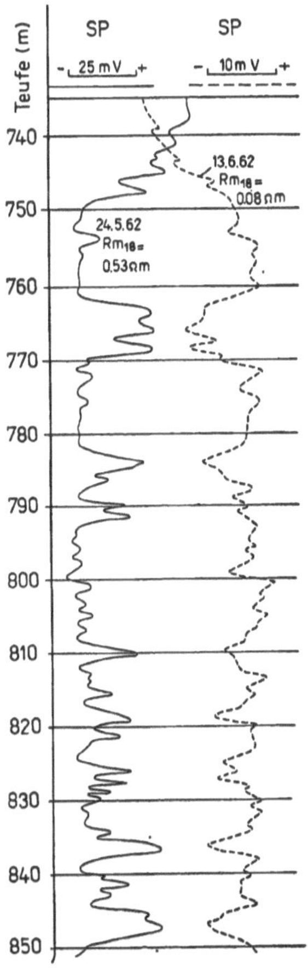

Abb. 2. Links „normale", rechts nach Aussalzen der Spülung erhaltene „umgekehrte" SP-Kurve. Der äquivalente NaCl-Gehalt des Schichtwassers läßt sich zu ca. 70 g/l bestimmen.

Auch starke Kaliberunregelmäßigkeiten, wie sie bei der Verwendung schlechter Spülungen unvermeidlich sind, vermindern die Aussagekraft der Widerstandsmessung – zumal dann, wenn schon ein großer Widerstandskontrast R_t/R_m besteht –, weil bei gleichbleibender „Eindringtiefe" der Messung das von ihr erfaßte Spülungsvolumen in Kavernen größer als im kaliberhaltigen Bohrloch ist. Auf diese Weise können ernste Fehldeutungen entstehen. Im Extremfall, z. B. in mächtigen (nichtleitenden) Steinsalzlagern, geben die Widerstandskurven nur noch das Bohrlochkaliber wieder, weil die durch die Kaliberunregelmäßigkeiten variierte Stromdichte in der Spülung der einzige in den Meßwert eingehende variable Faktor ist.

Völlig entwertet wird die Mikrowiderstandsmessung durch gut leitende Spülungen. In schlecht leitenden Gesteinen gibt diese Messung nur noch kleinste Unebenheiten der Bohrlochwandung wieder, je nach der daraus resultie-

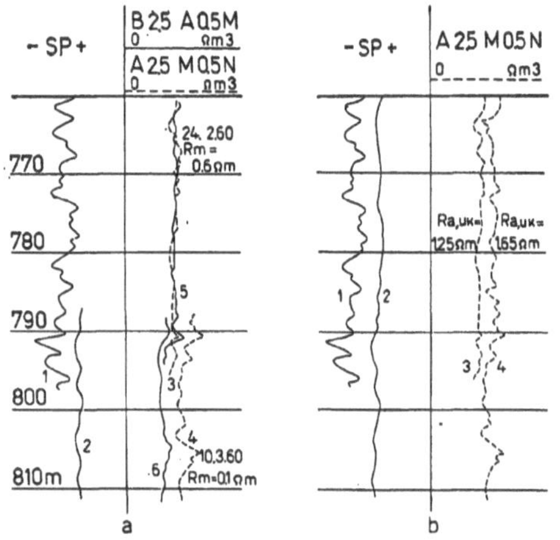

Abb. 3. Überlappung zweier Standardmessungen

1 – SP-Kurve vom 24. 2. 60, 2 – SP-Kurve vom 10. 3. 60, 3 – Kurve der Unterkantensonde vom 24. 2. 60, 4 – dto. vom 10. 3. 60, 5 – Kleine Normale vom 24. 2. 60, 6 – dto. vom 10. 3. 60

renden Dicke des zwischen dem Meßsystem und der Bohrlochwand verbliebenen Spülungsfilms, weil zu wenig Strom in das Gestein eindringt.

Erhöhungen des Elektrolyt- (Salz-) Gehalts von Bohrspülungen sollten daher auf unvermeidliche Fälle beschränkt bleiben, die nur dann vorliegen, wenn Kali- oder Steinsalzschichten erbohrt wurden. In diesem Falle muß ein verändertes Bohrlochmeßprogramm eingesetzt werden. An die Stelle der SP-Kurve tritt die Kurve der natürlichen Gammastrahlung; konventionelle Widerstandsmessungen gestatten höchstens noch die Festlegung der Schichtmächtigkeiten und sind durch fokussierte Messungen zu ersetzen, bei denen eine Ausbreitung des Meßstroms längs der Spülungssäule verhindert wird. Diese geben auch in sehr gut leitenden Spülungen die Gebirgswiderstände annähernd richtig wieder, erfordern aber dafür einen größeren Aufwand. Abb. 4 zeigt einen Vergleich zwischen konventioneller und fokussierter Widerstandsmessung aus einer Sedimentfolge in einem Bohrloch, das ausgesalzene Spülung enthält.

Neutronenphysikalische Messungen werden z. T. vom Chlorgehalt der Bohrspülung und der entstehenden Infiltrationszone beeinflußt. Die unter diesem Effekt besonders leidende Neutron-Gamma-Messung wird, wo es auf eine Abschätzung der Gesteinsporosität ankommt, zweckmäßig durch die Neutron-Neutron-Messung mit epithermischen Neutronen ersetzt. Diese ist der Neutron-Gamma-Messung auch auf anderen Gebieten überlegen. Alle übrigen Bohrlochmeßverfahren können höchstens durch zu geringen Elektrolytgehalt der Bohrspülung ungünstig beeinflußt werden. Solche Fälle sind aber seltene Ausnahmen. Sie werden z. B. beobachtet, wenn „einpolig" geschaltete Meßsonden in mächtigen nichtleitenden Gesteinsfolgen (Anhydriten) arbeiten sollen, wo dann die Stromrückleitung durch eine schlecht leitende Spülungssäule erschwert ist.

Organische Spülungschemikalien

Der Zusatz von organischen Spülungschemikalien zu wasserbasischen Spülungen scheint im allgemeinen ohne merkbare Auswirkungen auf die Bohrlochmessungen zu sein. Sie sollen zwar — insbesondere Stärke — zu anomalen Eigenpotentialwerten Anlaß geben können, jedoch konnten bei in der DDR in der üblichen Weise behandelten Spülungen noch keine Einflüsse auf die Meßergebnisse nachgewiesen werden. Ebensowenig bestehen grundsätzliche Bedenken gegen die Anwendung von Ölemulsionsspülungen, wenn das Wasser Träger der Emulsion ist (Öl-in-Wasser-Emulsion), d. h. die Spülung elektrisch leitfähig bleibt und homogen emulgiert ist.

Elektrisch nichtleitende Spülungen

Elektrisch nichtleitende Spülungen (Ölspülungen, Wasser-in-Öl-Emulsion, Gas) schließen die Anwendung von Widerstandsmeßverfahren mit nichtinduktiver Stromzuführung sowie von Messungen der induzierten Polarisation und des Eigenpotentials aus. Dagegen können alle anderen Bohrlochmeßverfahren ausgeführt werden, wenn die technischen Voraussetzungen dazu gegeben sind, z. B. ein ölbeständiges Kabel verwendet wird, die Meßsonden so geschaltet sind, daß sie „zweipolig" arbeiten, also nicht auf elektrische Rückleitung über Masse und Erde angewiesen sind, und das Kabel vorher eingemessen wurde, damit keine Teufenfehler durch geringeren bzw. fehlenden Auftrieb entstehen. In jedem Falle muß der die Messung in einem solchen Bohrloch ausführende Betrieb spätestens bei Anforderung der Messung über die Spülungsbeschaffenheit informiert werden; besser ist es, ihn schon bei der Projektierung solcher Bohrungen zu konsultieren.

Infiltrationsverhalten

Wegen der grundsätzlichen Forderung, Wasser-, Erdgas- und Erdöleruptionen zu vermeiden, muß der hydrostatische Druck der Spülungssäule die Schichtdrücke übersteigen. Daraus resultiert, daß beim Durchbohren von porösen und permeablen Formationen die Bohrspülung ins Gestein infiltriert. Dies geschieht in der Form, daß sich bei feinporigen und mikroklüftigen Gesteinen die festen Spülungsbestandteile sofort an der Bohrlochwand absetzen, den sogenannten Filterkuchen bilden und nur die flüssige Phase infiltriert, während in

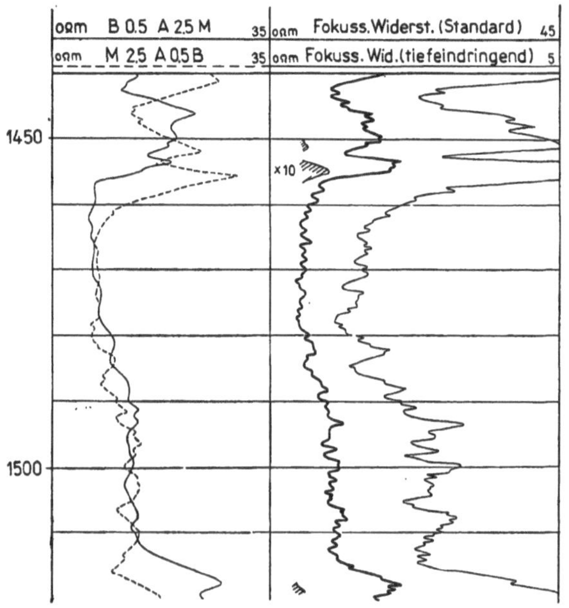

Abb. 4. Links konventionelle, rechts fokussierte Widerstandskurven. Erstere sind stark asymmetrisch verzerrt, aber trotz des Einflusses der sehr gut leitenden, ausgesalzenen Spülung (R_m = 0,039 Ωm bei 40°C) noch zur geologischen Korrelation brauchbar. Erst die fokussierten Messungen zeigen jedoch die tatsächliche Kompliziertheit des Widerstandsaufbaus im untersuchten Buntsandsteinbereich.

grobporigen und makroklüftigen Gesteinen auch feste Spülungspartikel eindringen und damit nicht nur die Bohrlochwand, sondern auch das Nebengestein „verkleistert" wird. Dieser Infiltrationsvorgang ist bei Spülungen mit günstigen rheologischen Eigenschaften zum großen Teil auf die Zeit des unmittelbaren Durchbohrens beschränkt, da die gebildeten Filterkuchen trotz geringer Dicke Permeabilitäten von $\approx 10^{-3}$ md aufweisen und damit praktisch impermeabel sind. Die Menge des abgegebenen Spülungsfiltrats ist also nicht vom Gestein abhängig, sondern einzig und allein von der Güte der Bohrspülung. Die Tiefe der Infiltration hängt hingegen von der Nutzporosität und Permeabilität des Gesteins ab: Bei Spülungen mit niedrigen Wasserabgabewerten dringt das Spülungsfiltrat in reine, gut poröse Sandsteine nur wenige Zentimeter, in tonige Sand- bzw. Schluffsteine einige Dezimeter und in grobklüftige Karbonatgesteine oft mehrere Meter ein.

Da das eindringende Spülungsfiltrat die Formationsflüssigkeit großenteils verdrängt, tonige Bestandteile der Speichergesteine durch Hydratation zum Quellen anregt, auch innere Filterkuchen auftreten können und damit Zuflußschwierigkeiten bei der Ölförderung entstehen, ist der Infiltrationsvorgang vor allem für die Test- und Fördertechnik ein sehr ernstes Problem. Es ist daher die Tendenz zu erkennen, grob disperse wasser- oder ölbasische Spülungen, u. U. mit weniger vorteilhaften thixotropen Eigenschaften, zu entwickeln und die Verwendung von Ton und Bentonit zu reduzieren.

Besonders die Bohrloch-Widerstandsmessung muß, wo permeable Gesteine auftreten, dem Infiltrationsvorgang Rechnung tragen. In radialer Verteilung werden von der Bohrlochachse aus folgende Zonen unterschieden:

a) Bohrspülung (spezifischer Widerstand R_m),
b) (äußerer) Filterkuchen (R_{mc}),
c) geflutete Zone (Schichtflüssigkeit bis auf eine unvermeidliche Restmenge verdrängt; R_{xo}),
d) Infiltrationszone (Übergangszone zwischen c) und e); mittlerer spezifischer Widerstand R_i),
e) nichtinfiltriertes Gebirge (R_t).

Die infiltrierte Spülung erhöht den spezifischen Widerstand des bohrlochnächsten Gebirges, wenn das Spülungsfiltrat einen höheren spezifischen Widerstand als die Porenflüssigkeit hat („Erhöhende Infiltration") und umgekehrt („Herabsetzende Infiltration", in kohlenwasserstoffhaltigen oder relativ süßwasserführenden Gesteinen, z. B. Pleistozän- und Tertiärsanden). Der spezifische Widerstand R_{mf} des Spülungsfiltrats kann für die in der DDR verwendeten Tonspülungen nach Messungen der Verfasser etwa durch Multiplikation des in der betreffenden Teufe bestehenden Spülungswiderstandes mit 0,72 erhalten werden. Dieser Wert ist jedoch, wie Untersuchungen vieler anderer Autoren zeigen, sehr stark vom Spülungstyp und anderen Faktoren abhängig und gilt daher nicht allgemein.

Der in salzwassergesättigten Speichergesteinen auftretende erhöhte Widerstand der Infiltrationszone führt bei Standardbohrlochmessungen, die gewöhnlich eine Kombination einer „langen" und einer „kurzen" Widerstandssonde darstellen (je „länger" die Sonde, um so größer die radiale Eindringtiefe der Messung), zu einer deutlichen Erhöhung des Meßwertes der „kurzen" Sonde. Diese mißt nämlich praktisch den Infiltrationszonen-

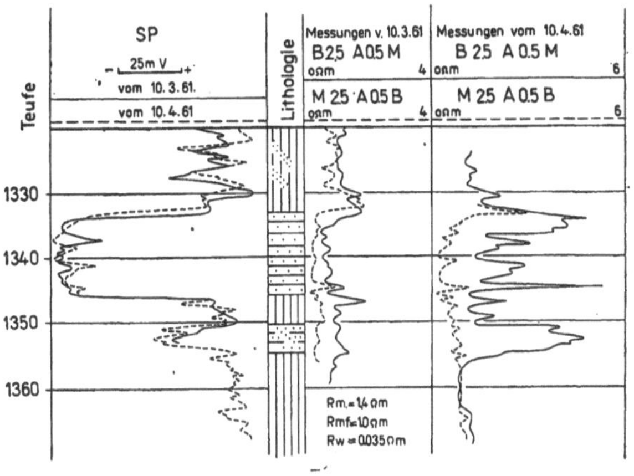

Abb. 5. Ein Vergleich von Bohrlochmessungen, die zeitlich etwa einen Monat auseinanderliegen, zeigt besonders deutlich in der Kurve der „Kleinen Normalen" (B 2,5 A 0,5 M) die Zunahme der Infiltration relativ hochohmigen Tonspülungsfiltrats in die zwischen 1333 und 1345 liegenden permeablen Gesteine.

widerstand, die „lange" Sonde dagegen den des nichtinfiltrierten Gebirges. Die Trennung beider Kurvenzüge ist daher — hochohmige Spülung vorausgesetzt — charakteristisch für viele Sand- und Schluffgesteine. In nichtinfiltrierten Tonen dagegen liefern beide Sonden etwa gleiche Meßwerte. Abb. 5 zeigt ein Beispiel nicht nur für diesen Effekt an sich, sondern auch für seine zeitliche Zunahme infolge Vergrößerung der Infiltrationstiefe. Eine genaue Untersuchung der Infiltrationszone gestattet die Seitliche Bohrlochsondierung (SBS), d. i. die Messung mit 4 bis 6 Widerstandssonden verschiedener Eindringtiefe und Auswertung der Meßergebnisse nach einer besonderen Methodik. Filterkuchen und geflutete Zone können mittels Mikro-Widerstandsmessungen untersucht werden.

Die quantitative Auswertung von Widerstandsmessungen wird erheblich erschwert, wenn die Spülung zwischen dem Durchbohren permeabler Gesteine und der Bohrlochmessung gewechselt wurde oder langsame Veränderungen des Elektrolytgehalts eintraten. Um das Bohrloch herum liegen dann zylindersymmetrisch Filtratschichten mit verschiedenen R_{mf} vor, ohne daß ihre Verteilung und der resultierende Infiltrationszonenwiderstand R_i ermittelt bzw. bei Anwendung der Abweichungsdiagramme in Rechnung gestellt werden könnten. Solche Fälle werden im Keuper, Buntsandstein und sedimentären Rotliegenden oft beobachtet.

Bei der Messung des Eigenpotentials wird die eventuell beabsichtigte quantitative Auswertung durch zusätzliche Filterkuchenpotentiale vorwiegend elektrokinetischer Art erschwert, ein komplexer und schwer zu erfassender Vorgang, auf den im Rahmen dieser Arbeit nicht näher eingegangen werden kann.

Kernphysikalische Meßverfahren besitzen Eindringtiefen von nur wenigen Dezimetern, so daß besonders in klüftigen Karbonatgesteinen Infiltrationseinflüsse überwiegen können. Daher sollten Neutronenverfahren zum Zwecke des Erdöl- oder Erdgasnachweises längere Zeit nach der Verrohrung oder durch Lubrikatoren unter Förderbedingungen durchgeführt werden. Messungen der natürlichen Gammastrahlung werden hingegen kaum vom Infiltrationsvorgang beeinflußt.

Schlußfolgerungen

Die für Bohrlochmessungen benötigte technische Ausrüstung und die einzusetzenden Verfahren hängen außer von der Lithologie des durchbohrten Profils und der Bohrlochkonstruktion wesentlich von den Spülungseigenschaften ab. Die immer höher werdenden Aufwendungen für moderne Tiefbohrspülungen rechtfertigen einen Kompromiß zwischen den von Geologie, Bohr- und Fördertechnik einerseits und von der Bohrlochmessung andererseits an die Spülung gestellten Forderungen nur bedingt, vielmehr wird die Bohrlochmessung in fast allen Fällen versuchen müssen, mit den vorhandenen bzw. projektierten Spülungen fertig zu werden, was ihr infolge der Vielfalt ihrer Verfahren auch immer besser gelingt. Aus dem Dargelegten resultieren aber folgende Grundforderungen, die eingehalten werden sollten, um die maximale Aussagefähigkeit und beste Durchführbarkeit von Bohrlochmessungen zu sichern:

1. Rechtzeitige Absprache zwischen Projektant und Bohrlochmeßbetrieb bei komplizierten Spülungsprogrammen bzw. vor Einführung neuer Spülungstypen.
2. Anforderung der Bohrlochmessung vor jeder geplanten oder auf Grund des Vorprofils zu erwartenden oder aus der Spülungskontrolle ersichtlichen von selbst eintretenden Änderung der Spülungszusammensetzung.
3. Reduzierung des Salzgehalts der Spülung auf das unvermeidliche Maß.
4. Bei unvermeidlicher Verwendung schlechter, Auskesselungen der Bohrlochwand verursachender Spülungen schnellstmögliche Anforderung der Bohrlochmessung unmittelbar nach Durchbohren lagerstättenkundlich interessanter Teufenabschnitte.
5. Grundsätzliche Vermeidung von Kaliberabsätzen in solchen Teufenabschnitten.

Die Verfasser danken den Herren Dipl.-Phys. B. HEYNE, Dipl.-Geophys. D. SCHLOSSER und Dipl.-Geophys. D. STEINBRECHER für die freundliche Durchsicht des Manuskripts und für ergänzende Hinweise.

Zusammenfassung

Bohrlochmessungen sind in vielfältiger Weise von der Spülungsbeschaffenheit abhängig, da Kabel und Meßsonde in das spülungsgefüllte Bohrloch eingefahren werden und in die Messung neben der bohrlochnächsten, evtl. infiltrierten Zone des Gebirges fast immer auch ein Teil der die Sonde umgebenden Spülung eingeht. Von besonderem Einfluß auf die Durchführbarkeit der Messungen sind Dichte und rheologische Eigenschaften der Spülung. Bei ungünstigen Werten dieser Parameter wird die Einfahrt der Meßeinrichtung erschwert und u. U. unmöglich gemacht. Unter den sonstigen Eigenschaften der Spülung hat der Salz-(Elektrolyt-)Gehalt den stärksten Einfluß auf die Ergebnisse von Widerstands-, Eigenpotential- und anderen Messungen, was durch Beispiele belegt wird. Eine Rücksichtnahme auf die Bohrlochmessung bei der Aufstellung von Spülungsprogrammen erscheint nicht generell notwendig. Jedoch kann die Einhaltung einiger einfacher Regeln, z. B. bezüglich des Zeitpunktes der Anforderung der Messung, wesentlich zu deren Erfolg beitragen.

Резюме

Результаты геофизических исследований скважин, а также возможность их проведения, зависят от параметров бурового раствора, заполняющего скважину. Из всех параметров минерализация раствора оказывает наиболее сильное влияние на измерения КС, СП и других величин, что доказывается примерами. Принимать во внимание при составлении геолого-технического наряда требования, предъявляемые со стороны геофизической службы к качеству раствора, не представляется обязательным. Простые правила, как, напр., относительно времени проведения геофизических исследований могут способствовать успеху последних.

Summary

Applicability of well logging and the quality of the results depend in many ways upon the mud properties, because cable and measuring device must be lowered into the mud-filled borehole. The part of mud surrounding the logging devices also affects the logging results, besides the more or less mud-invaded formation nearest to the borehole. Particular effects upon the possibility of performing a logging job have the specific weight and rheological properties of the mud, because these parameters may have such unfavourable values that the lowering-down of the cable and measuring device may become difficult or even impossible. Among the other mud properties the salt (electrolyte) content has the strongest effect upon the results of SP, resistivity, and nuclear logs, as is shown by examples. In gereral, a consideration of well logging is not required when formulating the flushing programme, but the observation of some simple rules may essentially add to make the measurement a success, for example when the time of its realisation is exactly fixed.

Eine Methode zur Beseitigung von Spülungsverlusten[1]

W. G. SMOLJANINOW, Moskau

Immer wieder treten beim Bohren ernste Komplikationen durch Spülungsverluste auf, die katastrophenartigen Charakter annehmen können. Es gibt viele Methoden zur Isolierung von solchen Verlustzonen. Sie beruhen gewöhnlich auf der Anwendung von Bindemitteln (Zementlösungen, Silikatlösungen, Lösungen auf Erdölbasis), von inerten Zusätzen in reiner Form oder in Mischungen (Ton, Sand, Stein, Ziegel, Stroh, Schotter, Sägespäne) und auf der Anwendung von Metall (Verrohrung).

Von besonderem Interesse ist die elektrochemische Methode[2]. Sie basiert auf der Anwendung von Gleichstrom und Tamponagepasten: Wasser mit Ton, Zement oder Kalk, oder Bitumenemulsionen mit Zusätzen von Kalziumchlorid oder Kochsalz und Wasserglas. Durch die Behandlung eines Bohrlochs mit elektrischem Strom werden im Gestein und in den Stoffen neue physikalisch-chemische Prozesse ausgelöst: die Elektrolyse, die Elektroosmose und — in den Suspensionen — die Elektrophorese. Dieser Prozeß ist von besonderem Interesse, da er mit der Wanderung der festen Phase in stark verdünnten Suspensionen verbunden ist. Aus solchen Suspensionen oder durch Zusatz von Zement, Kalk oder Bitumenemulsionen bildet sich auf der Bohrlochwand eine festere Kruste. Die Verdichtung ist das Ergebnis der Einwirkung des elektrischen Feldes, wobei Flüssigkeit (Wasser) entzogen wird, und das Ergebnis der Einwirkung der Synäresis, die zu einer Zunahme der Kohäsionskraft zwischen den Teilchen führt.

Spülungsverluste treten in stark porösen, klüftigen und kavernösen Gesteinen auf. Man braucht, um die Verlustzonen zu isolieren, die Zementlösung oder Mischung nicht in die Schicht hineinzupressen. Es genügt bereits ein Verdämmen der Kanäle in Bohrlochnähe in ihrem Bereich. Nach dem Abbinden der Zementlösung sind die Poren und Klüfte in den Gesteinen der Verlustzone zuverlässig verschlossen.

Die Behandlung der Zementlösung mit Gleichstrom bei wechselnden Impulsvorzeichen (selbst eine kurzfristige — 20 bis 30 Minuten) wirkt als Abbindebeschleuniger und erhöht die mechanische Festigkeit und Beständigkeit im aggressiven Milieu (Schichtwasser, Erdöl). Es ist zweckmäßig, eine Zement-Ton-Paste zu verwenden (Ton als Hauptbestandteil). Die Paste wird in den Ringraum zwischen Bohrlochwand und den an der Verlustzone fixierten Elektroden ge-

[1] Aus: „Raswedka i ochrana nedr", Nr. 10 (1962), S. 27—32. Übers.: H. QUANDT.
[2] Die elektrochemische Methode wurde im Institut für Geologie und Hydrologie unter Leitung von P. I. TITKOW erarbeitet.

Tabelle

Stratigraphischer Horizont, Intervall der Elektrobehandlung und die ihn aufbauenden Gesteine	Zusammensetzung der Tamponagemischung	Dauer der Behandlung Std.	Das Elektroregime: Stromstärke A	Spannung V	Veränderung der Polarität der verlagerten Elektroden Std.	Dichte des Stroms mA/cm^2	Verbrauch an Elektroenergie kWh/m	Ergebnisse der Elektrobehandlung
					Bohrung 21, Saikaratajew-Feld			
quartäre Ablagerungen 0–3,15 m; deluvialer Lehm 0,2–2,8 m; Sand mit Kies 2,8–3,15 m	Tamponagezement mit WZO-0,4 und einem 0,1%igen Zusatz von Wasserglas und 1% Kalziumchlorid	5	18	35	in 15 Minuten, nach oben und unten 15 bis 20 cm alle 15 Min.	6	3,15	Es hat sich eine Zementkruste gebildet in Form eines Zementrohres mit glatter Oberfläche, sehr fest, Wandstärke 12 mm. Im Verlauf von 84 Tagen waren keine Veränderungen zu beobachten. Es trat kein Spülungsverlust mehr ein.
					Bohrung 6043, Leninogorsker Feld			
Kasaner Stufe 76–96 m Wechsellagerung roter Tone und Sandsteine mit Kalkstein und Dolomitzwischenschichten	sandiger Ton quartäre Lehme 29%, Tamponagezement 53%, Wasser 12%, Kalziumchlorid 4%, Wasserglas 2%, spezifisches Gewicht der Paste 1,7 g/cm^3	6	446	21	nach 15 Minuten, auf und ab 120 cm nach jeweils 30 Minuten	8,12	3,21	Nach Auffüllung des Bohrlochs blieb die Flüssigkeitssäule auf gleichem Niveau. Bei Spülung des Bohrlochs war die Zirkulation normal. Spülungsverluste traten nicht mehr auf.
dto. 94–103 m	roter sandiger Ton und quartäre Lehme 55%, Tamponagezement 20%, Wasser 22,5%, Kalziumchlorid 1%	4	280	34	dto.	10,18	3,8	Es bildete sich eine durchgängige Kruste von 30 mm im Intervall 98 bis 94 Meter: Auf 103–98 m ein Film 2–3 mm. Nach Arbeit mit einem d = 295-Meißel blieb eine 2 mm dicke Rinde übrig, die auch beim Weiterbohren bis zur Endteufe 922 m erhalten blieb. Spülverluste traten nicht mehr ein. Nach den Daten der geophysikalischen Messung nahm der Widerstand der Gesteine zu. Das drückt sich in einer krassen Veränderung der SP-Kurve aus. Die Verlustzone ist isoliert.
dto. 71–80 m	dto.	2,8	223	31	dto.	9,0	1,96	Es bildete sich eine 35 mm dicke Rinde. Nach Arbeit mit einem d = 295-Meißel betrug die Krustendicke 5 mm, so blieb sie bis zur Endteufe von 922 m. Spülverluste wurden nicht mehr vermerkt. Dies wurde bestätigt durch die Erhöhung des Gesteinswiderstandes auf dem Elektrodiagramm und die Veränderung der SP-Kurve (negative Anomalie). Bis zur Endteufe blieb die Zirkulation der Spülung normal.

füllt. Da die Paste Bindemittel enthält, besteht die Wirkung des Gleichstroms in der Beschleunigung der Hydratation und der Abbindung und in der rascheren Festigkeitszunahme.

Für die Elektrobehandlung wird mit Hilfe des Gestänges oder eines Kabels eine Elektrode in das Bohrloch gebracht und im Bereich der Verlustzone fixiert. Die Elektrode ist ein glattwandiges Rohr mit einer Länge, die von der Größe des zu behandelnden Intervalls abhängt. Sie hat einen Durchmesser, der dem Bohrlochdurchmesser entspricht. Die Paste wird in das Bohrloch gepumpt und mit Hilfe der Spülung in den Ringraum zwischen Elektrode und Bohrlochwand gedrückt. Die Stromzufuhr erfolgt von einer oberirdischen Stromquelle nach bekanntem Schema. Man verwendet Litzen, biegsame bewehrte Kabel und das Kabel EBSCH.

Während der Arbeiten dürfen die Elektroden nicht bewegt werden. Zur Verhütung der Zonarität, die infolge der ungleichmäßigen Stromdichte auf der Gesamtelektrode entsteht (Maximum in der Mitte, Minimum an den Enden) werden die Elektroden abwechselnd um die halbe Länge eines Polstutzens nach oben oder unten verlagert: Hierbei ändert sich die Polarität in bestimmten Zeitabständen. Die Dauer des Prozesses und die Zusammensetzung des Tamponagegemisches hängen vom Regime der Elektrobehandlung ab, wobei die Aufnahmeintensität und der Charakter der Gesteine in den Verlustzonen und den angrenzenden Schichten berücksichtigt werden müßten. Die Regulierung des vorgegebenen Regimes und die Lenkung des Prozesses erfolgen über das Schaltpult für die Elektroaggregate, das mit einem zweipoligen Hebelschalter zum Ein- und Ausschalten der Belastung, einem Amperemeter, einem Voltmeter und einem Hebelschalter zum Umschalten der Polarität ausgerüstet ist.

Nach Abschluß der Arbeiten, nachdem das Gestänge gezogen und die Elektrode ausgebaut ist, sind geophysikalische Untersuchungen anzusetzen. Die Ergebnisse der Elektrobehandlung werden nach den Daten der Geophysik, den Spiegeleinmessungen und dem Charakter der Zirkulation bis zur Endteufe bestimmt.

Die Wirksamkeit der elektrochemischen Methode wurde an drei Versuchsbohrungen erprobt. Sie wurden 1957 in den oberpermischen Ablagerungen des Saikaratajew-Feldes der Tatarischen ASSR niedergebracht. Man hatte verschiedene Spülungsflüssigkeiten verwendet: Flußwasser (Bohrung 18), kohlehaltiges Schichtwasser (Bohrung 20) und Schichtwasser mit Flußwasser (Mischungsverhältnis 1 : 10) und einem 0,1%igen Zusatz von Wasserglas (Bohrung 21). In allen Bohrungen traten totale Spülungsverluste ein. Die Elektrobehandlung erfolgte nach Erreichen der Endteufe und nach der Fixierung und Charakterisierung der Verlustzonen. In der Tabelle sind die Intervalle und die Dauer der Elektrobearbeitung des Bohrlochs, die Zusammensetzung der Tamponagepasten, die Daten des Elektroregimes und die entsprechenden Ergebnisse zusammengefaßt.

Die elektrochemische Methode wurde auch in den Jahren 1959 bis 1960 auf den Feldern von Leninogorsk und Selenogorsk der Tatarischen ASSR in Bohrung 6043, Endteufe 922 m, und Bohrung 3782, Endteufe 1704 m, erprobt. Bohrung 6043 zeigte bei der Teufe 73 m (unterhalb des Rohrschuhs) einen teilweisen Spülungsverlust bis 40 m^3/h. Die Zirkulation hörte bei 79 m gänzlich auf. Um Komplikationen zu vermeiden, wurde die Bohrung bei 102 m eingestellt und von 76 bis 96 m eine Behandlung des Bohrlochs mit Gleichstrom vorgenommen.

Man verwendete eine Paste mit erhöhtem Gehalt an Zement, Kalziumchlorid und Wasserglas. Die Arbeiten wurden mit Hilfe von zwei 219-mm-Elektroden ausgeführt, die mit einem Übergang zu einem 21 m langen Stück zusammengefügt waren. Bei anderen Intervallen verwendete man eine 11 m lange Ganzelektrode. Das Regime und die Ergebnisse der Arbeiten sind aus der Tabelle zu entnehmen.

Danach wurde das Bohrloch gespült und bis zum Bohrlochmund mit Wasser angefüllt. Die Zirkulation blieb normal. Die Verlustzone ist demnach erfolgreich isoliert worden. Infolge einer Krustenbeschädigung bei Arbeiten im Intervall 76 bis 96 m lagen später die Kanäle erneut offen, und es kam abermals zu teilweisen Spülungsverlusten und zu einem merklichen Rückgang der Zirkulation. Von 76 m an war dann die Zirkulation wieder normal. Bei 116 m traten erneut Spülungsverluste ein, und die Zirkulation brach gänzlich zusammen. Durch Elektrolog wurden von 78 bis 80 m und von 96 bis 102 m wasserführende Gesteine festgestellt, und der statische Flüssigkeitsspiegel wurde bei 60 m ermittelt.

Das Bohrloch hatte folglich zwei Verlustzonen. Zu ihrer Isolierung setzte man eine aufeinanderfolgende Elektrobehandlung an. Aus den in der Tabelle gegebenen Daten ist zu ersehen, daß diese Arbeiten erfolgreich waren, da sich die Kurve der negativen SP-Anomalie stark veränderte und die Zirkulation der Spülung im weiteren Bohrprozeß bis zur Endteufe (922 m) normal blieb.

Es ist zu vermerken, daß die Elektrobehandlung im Intervall 76 bis 96 m in Bohrung 6043 gleich nach Erreichung der Endteufe und der geophysikalischen Bohrlochmessung erfolgte, und zwar aufeinanderfolgend von unten nach oben. Der Eintritt der Paste in den Ringraum zwischen Elektrode und Bohrlochwand und seine Verfüllung zeichnen sich auf dem Amperemeter durch Zunahme der Stromstärke bis zur vorgegebenen ab, der Eintritt der Paste in die Verlustzone durch Abnahme der Stromstärke.

In der Bohrung 3782 konnte während des Abteufens von 40 bis 108,8 m kein Spülungsverlust beobachtet werden. Mögliche Flüssigkeitsverluste (selbst bis zu 20–30%) waren bei einer Pumpenleistung von 60 l/s nicht spürbar. Die Existenz von Verlustzonen wurde erst festgestellt, nachdem nach Einstellen der Bohrung das Wasser durch eine Tonlösung ersetzt war. Geophysikalische Untersuchungen bestätigten die Verlustzone im Intervall 68 bis 108 m. Der statische Spiegel lag bei 31 m. Der Komplex der geophysikalischen Messungen, das Ansteigen des Flüssigkeitsspiegels bei konstantem statischem Niveau und die normale Zirkulation der Spülung bis zur Endteufe 1704 m verweisen darauf, daß die früher vorhandene Verlustzone isoliert werden konnte.

Auf den Bohrungen 18, 20, 21, 3782 wurde als Stromquelle (Gleichstrom) das Elektroschweißgerät SAG-2 verwendet, bestehend aus einem 30-kW-Gleichstromgenerator (500 A, 60 V) und einer Zuleitung vom Benzinmotor GAS MK-30. Bei der Bohrung 6043 erfolgte die Speisung über eine Gleichrichteranlage (Diodenbasis WG-50) direkt aus dem Stromnetz. Der Gleichstrom wurde den Bohrlöchern 18, 20 und 21 über 2-mm^2- und 4-mm^2-Leitungen zugeführt, der Bohrung 3782 über ein biegsames bewehrtes Kabel, der Bohrung 6043 über das Kabel EBSCH.

Die Bestimmung der Schichtmächtigkeit erfolgte in den Bohrungen nach der Geophysik (Elektrolog, Mikrolog und Kalibermessung) und auf Grund der mineralogischen Untersuchung der vor und nach der Elektrobehandlung seitlich aus der Bohrlochwand entnommenen Gesteinsproben, in Flachbohrungen nach den Spülproben. Die geophysikalischen Bohrlochmessungen und die Entnahme von Gesteinsproben erfolgen vor und nach der Elektrobehandlung, und zwar periodisch im Verlaufe des weiteren Bohrprozesses.

Aus dem Dargelegten ergeben sich folgende Schlußfolgerungen:

1. Verlustzonen mit teilweisem oder völligem Verlust der Spülung können erfolgreich und rasch mit Hilfe der elektrochemischen Methode isoliert werden.

2. Diese Methode ist wenig zeitraubend, der Zementverbrauch ist relativ gering. Es wird kein Metall benötigt (Verrohrung), und es entfallen die wenig wirkungsvollen und recht sperrigen inerten Materialien.

3. Die Erprobung der elektrochemischen Methode zeigt, daß sie für die verschiedensten Teufenbereiche anwendbar ist. Bis zur breiten Einführung in die Praxis ist jedoch noch eine große Arbeit zu ihrer Vervollkommnung zu leisten.

Zu Fragen der Wirtschaftlichkeit der Erdölförderung im submarinen Bereich der USA[1)]

J. S. GUSIK

Innerhalb der letzten Jahre wuchs in der Welt, darunter auch in den USA, die Erdölförderung aus Offshore-Bohrungen merklich an. In Verbindung damit entstand in kapitalistischen Ländern eine Reihe aktueller Fragen, die ein gewisses allgemeines Interesse für die Erdölindustrie besitzen. Zu ihnen gehören Fragen über prognostische Vorräte an Erdöl und Erdgas in den kontinentalen Schelfen, d. h. in Meerestiefen bis zu 180 m, über die Mächtigkeit der Erdöllagerstätten, die im submarinen Bereich auszubeuten zweckmäßig ist, über die in ökonomischer Hinsicht minimal zulässige Förderleistung von Offshore-Erdölbohrungen, über die Hauptrichtungen der Effektivitätssteigerung einer Erdölgewinnung im Meer sowie eine Reihe anderer.

Die submarinen Erdölfelder der USA sind im wesentlichen im Golf von Mexiko konzentriert, an der Küste des Staates Louisiana, der der Erdölförderung nach den zweiten Platz in den USA einnimmt. Hier waren zu Beginn des Jahres 1961 bereits ungefähr 3500 Bohrungen im Meer abgeteuft. In den letzten 7 Jahren erhöhte sich die submarine Erdölförderung 3,5mal und erreichte im Juli 1961 26% der Gesamterdölförderung Louisianas. Insgesamt wurden 1961 in diesem Gebiet 9 Mill. t oder 2,7% der Gesamtförderung des Landes gewonnen. Die erkundeten Erdölvorräte der submarinen Felder Louisianas wurden zu Beginn des Jahres 1961 mit 230 Mill. t (4,8% der Landesvorräte) und die Erdgasvorräte mit 280 Mrd. m^3 beziffert.

Die prognostischen Vorräte der Küste Louisianas wurden 1961 für Erdöl auf 800 bis 1350 Mill. t geschätzt — etwa 30% der Vorräte des Landes zu Beginn

[1)] Aus: „Aserbajdshanskoje neftjanoje chosjaistwo", Nr. 8 (1962). Übers.: H. KÄBEL.

des Jahres 1961 — für Erdgas auf etwa 1 Billion 170 Mrd. m³. So ist also der Golf das größte potentielle Erdöl- und Erdgasgebiet der USA.

Die Hauptförderung von Öl und Gas im Meer (90% und mehr) ist hier nach Angaben von 1960 in einem Küstenstreifen von 30 km Breite und in Meerestiefen bis zu 18 m konzentriert (Tab. 1).

Tabelle 1

Meerestiefe m	Erdöl %	Erdgas %
bis 12	53,2	66,8
12—18	36,4	31,0
18—24	9,3	2,2
24—36	1,1	—
Insgesamt	100,0	100,0

Im Gebiet von Louisiana waren Anfang 1961 ca. 120 Lagerstätten erschlossen, die sich ungefähr gleichmäßig in Erdöl- und Erdgaslagerstätten unterteilten.

Die erschlossenen Erdöl- und Erdgaslagerstätten, darunter auch die größten, liegen hauptsächlich im Flachwasserbereich in unmittelbarer Nähe des Ufers. Trotzdem sind von ihnen nicht mehr als die Hälfte genutzt. Die übrigen wurden aus unterschiedlichen Gründen, vor allem wahrscheinlich wegen der geringen Vorräte, zurückgestellt.

Als Hauptaufgabe der Entwicklung submariner Erdölförderung in den USA gilt gegenwärtig die Suche nach großen Erdöl- und Erdgaslagerstätten, die bei erhöhten Kosten für Erkundung und Ausbeutung eine rentable Förderung gewährleisten. Demgegenüber besitzt ein bedeutender Teil der im Meer erschlossenen Erdöllagerstätten in den USA nur geringe Erdölvorräte.

In der amerikanischen Erdölstatistik sind folgende Bewertungskategorien für große Erdöllagerstätten üblich: Zu der ersten gehören Felder mit einer Tagesförderleistung an Erdöl und Kondensat von mindestens 135 t; zur zweiten solche mit Vorräten von mindestens 13,5 Mill. t. Im marinen Teil des Gebiets von Louisiana wurden 1960 17 große Lagerstätten ausgebeutet, die Vorräte von 131 Mill. t auswiesen, also im Mittel 7,7 Mill. t pro Feld. Die übrigen im Meer erschlossenen Lagerstätten (ca. 40) umfaßten 100 Mill. t Erdölvorräte oder im Mittel 2,5 Mill. t pro Feld.

Fast die Hälfte der Erdgaslagerstätten hatten im Durchschnitt Vorräte von weniger als 2,8 Mrd. m³. Mehr als ein Drittel von ihnen waren sogar nicht einmal an ein Pipelinenetz angeschlossen.

Die Ausbeutung der wichtigsten submarinen Erdöllagerstätten der USA wird durch folgende Daten gekennzeichnet (Tab. 2).

Tabelle 2

Bezeichnung des Feldes		Förderung 1960 in Mill. t	1960 in % zu 1957	Vorräte Mill. t	1960 in % zu 1957	Anzahl der Sonden	1960 in % zu 1957
1		2	3	4	5	6	7
Bey Merchand,	Block 2	1,34*)	298	21,3	198	278	234
Agon Island	„ 18	0,33	330	4,5	258	55	367
„	„ 32	0,12	133	25	133	17	100
„	„ 126	0,43	100	14,1	192	70	121
„	„ 128	0,28	200	4,4	139	47	181
„	„ 188	0,13	+	1,8	—	20	—
Grand Isle	„ 16	0,52	520	7,5	295	87	435
„	„ 18	0,42	83	3,5	83	37	95
„	„ 47	0,54	900	6,7	269	68	358
Mean Pass	„ 69	0,98	100	21,0	151	182	116
Ship Shoal	„ 154	0,22	+	4,6	—	37	—
„	„ 176	0,092	+	1,5	—	16	—
South Pass	„ 27	0,98	298	17,4	113	198	404
South Timbalier	„ 131	0,094	+	1,5	—	14	—
Vermillion	„ 120	0,054	+	1,6	—	12	—
West Cameron	„ 45	0,33	+	3,0	—	15	—
West Delta	„ 30	1,0	284	14,4	170	174	1450
Insgesamt		7,68	177	131,2	151	1334	167

*) wurde 1957 nicht abgebaut

Die maximale Jahreserdölförderung der einzelnen marinen Lagerstätten übersteigt nicht 1,0 Mill. t und ihre Vorräte nicht 21,0 Mill. t. Mit einer Jahresförderung von nicht weniger als 500000 t wurden 1961 im Meer insgesamt 6 Lagerstätten bewirtschaftet; auf sie waren 71% der Gesamtjahresförderung, 72% aller Sonden und 67,5% der Erdölvorräte dieser Lagerstättengruppe konzentriert. Ebenfalls war hier eine maximale Erhöhung der Förderung, der Vorräte und der Anzahl der Sonden zu verzeichnen.

Bekanntlich wird in den USA die Standardisierung der Erdölförderung verwirklicht. Obgleich in Louisiana für die submarinen Sonden eine um 1,5mal höhere Quote festgelegt ist, wurde sie in den vergangenen Jahren mehrmals gesenkt und beträgt zur Zeit 35% der Norm, die 1953 gültig war, und zwar für Bohrungen im Teufenbereich 1800—2100 m = 15 t/Tag und im Bereich 3000 bis 3300 m = 25 t/Tag. Die mittlere Tagesleistung einer Sonde der wichtigsten submarinen Erdöllagerstätten war nicht weniger als 12,3 t, während sie im Mittel in den USA 1,6 t und in Louisiana insgesamt 5,8 t beträgt. Diese Normen werden gegenwärtig in Verbindung mit der geplanten Einbeziehung von Gebieten mit noch größerer Wasserüberdeckung als nicht mehr annehmbar betrachtet.

Die Erdölfirmen, die Arbeiten im Meer ausführen, sind der Meinung, daß die Ausbeutung nur eines produktiven Horizonts in solchen Bohrungen wirtschaftlich nicht vertretbar ist. In jeder Sonde müssen mindestens zwei Horizonte ausgebeutet werden, was eine Steigerung der laufenden Förderung bei Senkung der Kapitalinvestitionen (bis 40%) sichert. Ein solches Fördersystem hat außerdem folgende Vorteile:

1. Die allgemeinen Ausbeutungskosten werden verringert.
2. Eine Reparatur der Futterrohre als Ergebnis übermäßig langer Nutzung der Sonde ist wenig wahrscheinlich.
3. Die Notwendigkeit einer späteren Umkonstruktion der Sonde wird ausgeschlossen.
4. Die Ressourcen der Sonden werden innerhalb der Betriebsdauer des submarinen Fundaments ausgeschöpft, dessen Reparatur und Unterhaltung sehr teuer zu stehen kommt.

In Verbindung damit erfuhr die Einführung von Sonden zur gleichzeitigen getrennten Nutzung mehrerer produktiver Horizonte in den letzten Jahren bei den submarinen Lagerstätten der USA eine auffallende Verbreitung.

Tabelle 3

Kennwerte	USA insges.	Davon marine Erdölfelder
Insgesamt abgeteufte Produktionssonden	37116	456
davon für Erdöl, Kondensat und Erdgas	25143	344
Anzahl der für die gleichzeitige getrennte Nutzung mehrerer Horizonte abgeteuften Bohrungen	1611	124
dto. in %	6,4	36

Tab. 3 gibt die entsprechenden Angaben für 1960. Es wurden also 1960 36% aller auf submarinen Lagerstätten abgeteuften Erdölbohrungen zur gleichzeitigen Förderung aus mehreren Horizonten ausgebaut (davon 68% zur Förderung aus zwei Horizonten). Die neuen billigeren technischen Lösungen bei der Erdölförderung, die Senkung der Kosten für hydrotechnische Bauten und für das Niederbringen von Sonden waren Hauptgründe für die Verstärkung des Arbeitstempos im Golf von Mexiko.

Nach einem 1957 beginnenden plötzlichen Rückgang ist 1961 eine allmähliche Steigerung der Bohrtätigkeit im Golf zu verzeichnen. Gegenwärtig bohren hier ungefähr 60 Anlagen (von 1955 bis 1957 waren es 85). Doch vermitteln diese Ziffern kein präzises Bild der vollzogenen Veränderungen in der Technik des submarinen Bohrens. Von den genannten 85 Anlagen waren 50% Landanlagen, die auf Einzelfundamenten montiert waren und von Lastschiffen versorgt wurden. Andere Landgeräte waren auf großen gemeinsamen Fundamenten mit riesigen Kosten aufgebaut. In den USA wird der Einsatz ortsbeweglicher Geräte in relativ unerkundeten Aquatorien für die wirtschaftlichste Bohrmethode gehalten. Selbständige stationäre Plattformen mit kompletter Bedienungsanlage sind heute für Produktionsflächen auf ein Minimum reduziert. Es werden 24 und mehr Sonden von einer Plattform aus gebohrt. Die hauptsächlichen Arbeiten im Meer werden jetzt mit ortsbeweglichen Geräten vorgenommen, mit deren Hilfe das Fächerbohren (im wesentlichen mit 4 Bohrungen) durchgeführt wird.

In Kalifornien allerdings fanden die beweglichen Bohranlagen keine Anwendung. Hier werden die Erkundungsbohrungen von Schiffen aus, die Produktionsbohrungen von stationären Plattformen aus niedergebracht.

Wesentliche Erfolge wurden bei der Steigerung des Bohrfortschritts bei submarinen Bohrungen erreicht. Die Senkung der Bohrkosten wird für die letzten Jahre auf 50% geschätzt. Davon zeugt der Bau neuer schwimmender Bohranlagen für Meerestiefen bis zu 50—60 m bei einem Kostenaufwand der einzelnen Geräte bis zu 8 Mill. Dollar. Das Bohren von Schiffen aus ist auch im Golf von Mexiko vorgesehen.

Besprechungen und Referate

K. N. Paffengolz

Geologischer Abriß des Kaukasus

Akademie-Verlag, Berlin 1963, Fortschr. sowj. Geol., H. 5/6, 351 S., 5 Taf., 49 Abb. im Text, 5 Fossiltab., 48,— DM

Die vorliegende Arbeit kann als Musterbeispiel für eine fruchtbringende kollektive Leistung dienen. Fußend auf einer Fülle wichtiger Klein- und Vorarbeiten, die im Kaukasus von vielen Geologen, unter ihnen vor allem W. P. Rengarten, A. P. Gerassimow und G. N. Rodsjanko, geleistet wurden, ist von einer Expertengruppe unter der Leitung von K. N. Paffengolz eine neue Karte des Kaukasus im Maßstab 1 : 500000 angefertigt worden. Das vorliegende Buch beschreibt und interpretiert im wesentlichen die auf der Karte festgehaltenen Daten. Es ist selbstverständlich, daß bei der Fülle des Materials über manche Erscheinungen, insbesondere auf dem Gebiet der Tektonik, keine einheitliche Meinung herrscht. In solchen Fällen wurden die jeweiligen Standpunkte in objektiver Form zur Darstellung gebracht.

Das neue an dieser zusammenfassenden Übersicht ist einmal das Einbeziehen der Vor- und Zwischensenken wie auch des Südteils der Russischen Tafel in die Deutung der Erscheinungen; zum anderen die strukturell-tektonische Gliederung des Kaukasus.

Uns interessieren vor allen Dingen die vergleichbaren und die nichtvergleichbaren Elemente mit den Alpen oder allgemein mit dem alpidischen Mittelmeer-Orogen. Es wird klar herausgearbeitet, daß der Kaukasus zum alpidischen Geosynklinalraum gehört. Seine Besonderheit ist die Zweiteilung in den Großen Kaukasus und den Kleinen Kaukasus, die durch die Rioni-Kura-Senke voneinander getrennt sind. Beide Einheiten weisen faziell und tektonisch deutliche Unterschiede gegeneinander auf.

Im Gegensatz zu unseren Alpen scheinen im Großen Kaukasus Decken größeren Ausmaßes zu fehlen. Ebenfalls gegensätzlich zu jenen, aber wiederum gleichgerichtet mit den Pyrenäen, weist die Schubrichtung nach Süden. Im Kleinen Kaukasus dagegen erfolgte der Schub nach Norden.

Niemals wurde der gesamte kaukasische Geosynklinalraum von einer gemeinsamen orogenen Bewegung erfaßt. Die Orogenese verlief unterschiedlich und in mehreren Phasen.

Der Text des Buches ist klar gegliedert in: Stratigraphie, Magmatismus, Tektonik, Metallogenese und — erstmalig — Geomorphologie. Die einzelnen Kapitel wurden von verschiedenen Mitgliedern des Kollektivs behandelt, wobei weitgehend die Ergebnisse der Tiefbohrungen auf Erdöl und Erdgas einbezogen wurden.

Ein Verzeichnis der Tiefbohrungen, stratigraphische Fossiltabellen, ein ausführliches Literaturverzeichnis, ein geographisches Verzeichnis, ein Sachwortverzeichnis und ein detailliertes Fossilverzeichnis schließen die Arbeit ab.

K. Kauter

Autorenkollektiv

Das Karbon der subvaristischen Saumsenke. Ein Symposium

Teil 2: Das Steinkohlengebirge — Petrographie und Paläontologie

„Fortschr. Geol. Rheinl. u. Westf.", Bd. 3, Teil 2, Krefeld 1962; S. IX—XX, 423—865, 74 Taf., 103 Abb., 52 Tab.

Ein großes Autorenkollektiv hat diese bedeutende, Erich Stach zum 65. Geburtstage gewidmete Arbeit geliefert. Sie gliedert sich in die beiden Hauptkapitel (I) „Zur Petrographie und Geochemie des flözführenden Oberkarbons" und (II) „Zur Paläontologie des Steinkohlengebirges". Das Hauptkapitel I unterteilt sich weiter in die Kapitel (A) „Die geochemische Unterscheidung mariner und nichtmariner Sedimente im produktiven Karbon", (B) „Die Entstehung der Wurzelböden und kaolinischen Kohlentonsteine des Ruhrkarbons" und (C) „Die Diagenese der Schichten im Ruhrkarbon".

Das Kapitel A „Geochemie“ [1]) enthält die Beiträge:

W. ERNST: Die fazielle und stratigraphische Bedeutung der Bor-Gehalte im jüngsten Oberkarbon und Rotliegenden Nordwestdeutschlands
Innerhalb der gleichförmigen Sedimente des Stefan und Rotliegenden Nordwestdeutschlands zeigen die Gehalte an Bor und salinaren Mineralen das zunehmend aride Klima an und lassen Rückschlüsse auf die Faziesentwicklung zu.

E. T. DEGENS & M. BAJOR: Die Verteilung der Aminosäuren in limnischen und marinen Schiefertonen des Ruhrkarbons
Die Methode deutet Möglichkeiten zur Unterscheidung mariner und limnischer Sedimente an. Mit zunehmender Diagenese nehmen die Aminosäuren ab.

G. TONTSCH: Zur Radioaktivität der marinen Horizonte im tieferen Teil des Ruhrkarbons
Im allgemeinen wurde in den marinen Horizonten des Namur C und des unteren Westfal A eine erhöhte Radioaktivität gegenüber nichtmarinen Schichten festgestellt.

H. WEGEHAUPT: Zur Petrographie und Geochemie des höheren Westfal A von Westerholt
Der 534 m mächtige Neuaufschluß im höheren Westfal A des Schachtes Westerholt 3 wurde eingehend sedimentpetrographisch und geochemisch untersucht. Hervorzuhebende Ergebnisse sind das ungewöhnlich rasche Anwachsen der Inkohlung und die Sedimentverdichtung nach der Tiefe, die Anreicherung bestimmter Spurenelemente in Flözen und deren Liegendem unter dem Einfluß der Durchlüftung des Ablagerungsraums, die Parallelität zwischen Bor, Illit und Salinität und die erhöhte Radioaktivität in marinen Tonen und im Bereich von Wurzelböden.

Das Kapitel B „Wurzelböden und Kohlentonsteine“ [1]) enthält die Beiträge:

G. ROESCHMANN: Wurzelböden des Ruhrkarbons
Die morphologische, mikroskopische, röntgenographische und chemische Untersuchung ergab, daß $\pm$ nasse bis subhydrische Sumpfböden mit Einzelkorngefüge vorlagen, die von Lepidophyten-Sumpfwäldern und Calamiten-Röhricht bestanden waren. Bindungen an bestimmte Sedimente wurden nicht festgestellt. Die Verwitterungsintensität im Wurzelbodenbereich war gering. Setzung und Diagenese bewirkten stärkere nachträgliche Veränderungen, daher ist nicht zu entscheiden, ob die Tonminerale primär sedimentiert, bei der Verwitterung gebildet oder diagenetisch entstanden sind. Es können keine sicheren Schlußfolgerungen auf das damalige Klima gezogen werden.

K. BURGER, F. J. ECKARDT & G. STADLER: Zur Nomenklatur und Verbreitung der Kaolin-Kohlentonsteine im Ruhrkarbon
Vorangestellt wird eine Charakterisierung und Klassifizierung der Kohlentonsteine auf Grund reichhaltigen Untersuchungsmaterials. Sodann wird die Verbreitung derselben untersucht mit der Feststellung, daß sich die Tonsteine mit zunehmend festländischem Charakter des Ruhrkarbons einstellen. Der „Hagen-2-Tonstein“ der Dorstener Schichten enthält Montmorillonit und Sanidin als Hinweis auf seine mögliche vulkanogene Herkunft.

J. HARTLIEB: Die Kaolin-Kohlentonsteine der Bochumer Schichten im Ruhrkarbon
Die drei Tonsteinhorizonte sind nicht durchgehend verbreitet und besitzen unterscheidbare petrographische Eigenschaften. Sie sind lokale Leithorizonte. Die Untersuchung erfaßt ein dichtes Aufschlußnetz petrographisch und röntgenographisch und belegt die Ergebnisse mit reichem Schliffbildmaterial.

K. BURGER: Die Kaolin-Kohlentonsteine der unteren und mittleren Essener Schichten des Westfal B im mittleren Ruhrrevier
Die Tonsteinhorizonte zeigten in 174 Aufschlüssen des 240 km² großen Areals eine unterscheidbare Beständigkeit in ihrer Ausbildung, hinsichtlich ihres Mineralbestandes und der auftretenden Kaolinit-Formentypen.

[1]) Hier stichwortartig gekürzt

G. STADLER: Der Kaolin-Kohlentonstein des Flözes Zollverein 7/8 der Zeche Franz Haniel bei Bottrop
Mineralogische Untersuchungen führten zur Ausscheidung von drei Formentypen nach der Textur. Als Ursache wird die unterschiedliche Einwirkung der Moorwässer angesehen. Übergänge zu Karbonatlagen wurden beschrieben. Starker Apatitgehalt wird auf organische Herkunft zurückgeführt. Es besteht eine deutliche Abhängigkeit des B_2O_3-Gehaltes von der Glimmerführung.

G. HERBST, K. KOERNER & G. STADLER: Kaolin-Kohlentonsteine im Oberkarbon des Aachener Reviers
Die Ergebnisse zahlreicher einschlägiger Arbeiten sind zusammengefaßt und durch mineralogische Untersuchungen ergänzt. Die Beschaffenheit der einzelnen Tonsteinlagen ist bezeichnend und horizontbeständig; dabei hebt sich die Tonsteinlage im Flöz Grauweck/Santeweck als Kristalltonstein hervor. Die Ergebnisse führen zu einem Versuch der feinstratigraphischen Korrelation zwischen Aachener Revier und Ruhrrevier auf Grund der Tonsteinhorizonte.

W. F. M. KIMPE: Die bisherigen Kaolin-Kohlentonstein-Funde im Oberen Westfal A und Unteren Westfal B Südlimburgs (Niederlande)
Bei der Darstellung der Tonsteine auf Grund mineralogischer Untersuchungen wird der in der Flözgruppe Santeweck-Grauweck als Leithorizont auftretende Kristalltonstein als Besonderheit beschrieben. Es werden Flözparallelisierungen mit dem Ruhrgebiet, Belgien und Nordfrankreich versucht.

G. STADLER & H. WERNER: Ein Phosphatmineral der Crandallit-Gruppe in den Kaolin-Kohlentonsteinen des Ruhrkarbons
Neben dem in den Tonsteinen bekannten Apatit wurde an zwei Stellen ein Crandallit $[CaAl_3H(OH)_6(PO_4)_2]$ mit 45,9% PO_4 entdeckt. Als Ursache dieser anomalen Bildung wird Ca-Mangel bei der Ausfällung der Phosphate nachgewiesen.

F. J. ECKARDT & H. R. v. GAERTNER: Zur Entstehung und Umbildung der Kaolin-Kohlentonsteine
Der Kaolinit ist um so besser kristallisiert, je höher Alter und Inkohlung sind. Die Entstehung der Formentypen wird nicht nur durch unterschiedliche Einwirkung der Huminsäuren auf die nichtmarinen Schlammablagerungen, sondern auch diagenetisch gedeutet.

G. STADLER: Zusammenfassende Bemerkungen zur Genese der Kaolin-Kohlentonsteine
Die Kaolin-Kohlentonsteine lassen sich über das gesamte Ruhrgebiet bis in das Aachener Revier horizontbeständig mit geringer Absätzigkeit verfolgen und wechseln auch in andere Fazies über. Es wurden nur wenige Hinweise auf vulkanische Einwirkung festgestellt. Aus petrographischen und geochemischen Erwägungen erscheint die Entstehung aus vulkanischen Aschen unwahrscheinlich.

Das Kapitel C „Zur Diagenese der Schichten im Ruhrkarbon“ enthält die Beiträge:

G. SCHÖNE-WARNEFELD & H. DAHM: Tutenmergel im Ruhrkarbon
Tutenmergel treten nur in marinen Schichten auf. Die Tonkomponente einer näher untersuchten Karbonatprobe enthält dementsprechend keine Mineralien der Kaolinit-Gruppe.

H. ESCH: Zur Sedimentologie und Diagenese der Sandsteine und Schiefertone im Hangenden des Flözes P_2 (oberes Westfal B) in der Emscher-Mulde des Ruhrkarbons
Aus der Untersuchung ergab sich, daß Heizwert der Kohle und effektive Porosität der Schiefertone von der Lagerung innerhalb der Mulde abhängig sind; die effektive Porosität der Sandsteine bleibt unbeeinflußt.

H. KARRENBERG & K. MEINICKE: Porosität und Raumgewicht von Sandsteinen des Ruhrkarbons
Da die Porosität und das Raumgewicht der Sandsteine von der heutigen Tiefenlage, die Inkohlung der Flöze von der zusätzlichen Temperatureinwirkung, die nur im Karbon gegeben war, abhängig sind, besteht zwischen beiden keine Parallele. Der Raum Erkelenz zeichnet sich durch besondere, nur durch extreme Erhitzung zu deutende diagenetische Verhältnisse aus.

W. BABINECZ: Das Inkohlungsbild des Aachener Steinkohlengebirges, dargestellt im Niveau des Flözes Großlangenberg

Die Inkohlung ist älter als die Faltung und nimmt mit zunehmendem Alter zu. Großmulden weisen höhere Inkohlung auf. Besonders stark ist die präorogene Inkohlung nördlich Aachen.

K. PATTEISKY, M. & R. TEICHMÜLLER u. Mitw. v. O. LEISTIKOW: Das Inkohlungsbild des Steinkohlengebirges an Rhein und Ruhr im Niveau von Flöz Sonnenschein

Der Westteil des Ruhrgebiets (Gangerzvorkommen weisen auf Magmenfront in großer Tiefe) ist stärker inkohlt als der Ostteil (geringere Versenkungstiefe). Der bereits im Westfal B gefaltete Südrand des Ruhrkarbons zeigt auffallend geringe Inkohlung. Großmulden zeigen erhöhte Inkohlung. Im Westfal D war das Ruhrkohlengebirge bereits so weit angehoben, daß die Inkohlung zum Stillstand kam und die dann einsetzende Spezialfaltung keinen Einfluß mehr hatte. Die hohe Inkohlung im Raum Erkelenz wird auf einen als magnetische Anomalie festgestellten postkarbonischen basischen Pluton zurückgeführt.

P. NEUMANN-MAHLKAU: Das Inkohlungsbild des Steinkohlengebirges im östlichen Ruhrgebiet, dargestellt im Niveau von Flöz Sonnenschein

Der großräumige Faltenbau spiegelt sich in geringen Inkohlungsänderungen wider. Die Gesetzmäßigkeit der Inkohlung erlaubt eine Prognose der Kohlenqualität in den Reservefeldern.

P. NEUMANN-MAHLKAU: Der Gehalt an Adsorptionswasser von gering inkohlten Steinkohlen, seine Bestimmung und seine Bedeutung für Inkohlungsuntersuchungen in der Lippe-Mulde

In Vitriten mit 9–4% Wasser nimmt der Gehalt an Adsorptionswasser um 1,3% je 100 m Teufe ab.

G. HUCK & J. KARWEIL: Probleme und Ergebnisse der künstlichen Inkohlung im Bereich der Steinkohlen

Gasreiche Kohlen sind für künstliche Inkohlungsversuche am günstigsten, dabei wird die Inkohlung mit steigendem Druck immer stärker behindert. Wechselnde Drücke und Extraktionsmittel beschleunigen die Inkohlungsreaktionen. Für natürliche Prozesse bleiben Zeit und Temperatur die entscheidenden Inkohlungsfaktoren.

R. TEICHMÜLLER: Zusammenfassende Bemerkungen über die Diagenese des Ruhrkarbons und ihre Ursachen

Bedeutung der tektonischen (heutigen) und der stratigraphischen Tiefe. Umwandlungsformen in Kohle, Sandstein und Schieferton. Die geothermische Tiefenstufe im Ruhrgebiet zur Zeit des Karbons.

Das Hauptkapitel II „Zur Paläontologie des Steinkohlengebirges“ enthält die Beiträge:

W. REMY & V. HAVLENA: Zur floristischen Abgrenzung von Devon, Karbon und Perm im terrestrisch-limnisch entwickelten Raum des euramerischen Florenbereichs in Europa

Da die stratigraphische Gliederung des Perms und Karbons auf Grund mariner und paralischer Leitfauna im terrestrisch-limnischen Raum Mitteleuropas nicht anwendbar ist, wird für diesen eine separate Gliederung auf Grund von Pflanzenfossilien vorgeschlagen und auf den Zeitraum Oberdevon bis Perm ausgedehnt. Hierzu werden einige neue Stufenbezeichnungen eingeführt und die Grenzen der einzelnen Stufen floristisch definiert. Endlich wird erkannt, daß „Rotliegendes“ ein lithofazieller Begriff ist, der nicht paläontologisch zu definieren ist.

K. H. JOSTEN: Die wichtigsten Pflanzenfossilien des Ruhrkarbons und ihre Bedeutung für die Gliederung des Westfals

Das Ruhrkarbon läßt sich auf Grund der Flora sicher in Westfal A, B und C gliedern. Es bestehen weitgehende Übereinstimmungen mit dem englischen Karbon.

H. GREBE: Zur Verbreitung der Sporen im oberen Westfal B und dem Westfal C des Ruhrkarbons

Die in 6 Bohrungen der Lippe-Mulde festgestellte Verteilung der Mikro- und Megasporen führte zur Ausscheidung von fünf Horizonten. Nichtmarine Schiefertone und Kohlenflöze zeigen den gleichen Sporenbestand.

E. PAPROTH: Die stratigraphische Verbreitung der nichtmarinen Muscheln im Westfal Nordwestdeutschlands

Die Faunenfolge im nordwestdeutschen Karbon stimmt, abgesehen von gewissen quantitativen Unterschieden, mit der in den Penninischen Kohlenfeldern Englands überein.

M. SCHWARZBACH: Trilobiten aus dem westfälischen Karbon

Beschreibung der bisher einzigen Funde („*Phillipsia*“ sp.) aus dem westdeutschen flözführenden Oberkarbon und einer kleinen Trilobitenfauna des Unterkarbons am Südrand des Ruhrgebiets.

M. SCHWARZBACH: Die Merostomata aus dem niederrheinisch-westfälischen Oberkarbon

Die geringe Zahl der beschriebenen Funde, die alle aus nichtmarinen Schichten stammen, erlauben noch keine stratigraphischen Folgerungen.

W. SCHMIDT: Neue Insekten aus dem rheinisch-westfälischen Oberkarbon

Nach einer Beschreibung neuer Insektenflügelfunde werden die bisher bekannten 13 Insekten des nordrhein-westfälischen Karbons zusammengestellt.

W. SCHMIDT: Zusammenfassende Bemerkungen zur Paläontologie des rheinisch-westfälischen Karbons

Die meisten Beiträge dieses Symposiums sind mit einer großen Zahl von sehr guten Bildern ausgestattet, die dank der Qualität der photographischen Aufnahmen und des guten Papiers gestochen scharf wiedergegeben sind, das gilt sowohl für Schliffbilder als auch für Bilder von Makrofossilien oder Reproduktionen von Karten, Profilen und Diagrammen. Obgleich hier nur eine Sammlung von sehr speziellen Arbeiten und hiervon nur der zweite Teil vorliegt, vermittelt die äußerst geschickte und zweckmäßige Zusammenstellung der einzelnen Beiträge einen ausgezeichneten Gesamtüberblick. E. v. HOYNINGEN-HUENE

Autorenkollektiv

Der tiefere Untergrund der Niederrheinischen Bucht. Ein Symposium

In: Fortschr. Geol. Rheinl. u. Westf., Geol. Landesamt Nordrhein-Westfalen, Krefeld 1962; Bd. 6, VIII, 462 S., 2 Kart. in Rückentasche, 59 Taf., 53 Abb., 14 Tab., kart. 32,— DM; Lw. 34,— DM

Nachdem im Band 4 der Reihe „Fortschritte in der Geologie von Rheinland und Westfalen“ eine Übersicht über das Pliozän und Pleistozän der Niederrheinischen Bucht gegeben wurde, bringt der Band 6 Beiträge zum tieferen Untergrund. Er enthält Arbeiten über das Tertiär, den Lias und Dogger, den Zechstein sowie den präpermischen Unterbau. Da der Doppelband 1/2 bereits ausschließlich der Niederrheinischen Braunkohlenformation gewidmet war, wurde im vorliegenden Band von einer stärkeren Berücksichtigung dieser Thematik abgesehen. Die im vorliegenden Symposium zusammengefaßten Arbeiten sind vor allem paläontologisch-stratigraphischen und tektonischen Fragen gewidmet.

Im ersten Hauptteil „Tertiär“ befassen sich zwei Arbeiten mit der Paläontologie und Stratigraphie des Oligo-Miozäns. H.-J. ANDERSON berichtet in seinem Beitrag „Paläontologische Bemerkungen zur Stratigraphie des Oligo-Miozän in der Niederrheinischen Bucht“ über Ergebnisse aus der Bearbeitung von Molluskenfaunen. Der Walsumer Meeressand wird, entgegen anderen Auffassungen aus jüngster Zeit, in das Mitteloligozän gestellt. Die Grenze Mitteloligozän/Oberoligozän wird mit dem ersten Auftreten oberoligozäner Molluskenfaunen gezogen. Die Serie der Kölner Unterflöze kann z. T. schon miozänes Alter besitzen (z. T. mittleres bis oberes Oberoligozän), während der Beginn der Hauptflözbildung in die Hemmoor-Stufe fällt. J. INDANS beschreibt „Foraminiferen-Faunen aus dem Miozän des Niederrheingebietes“. Es werden 164 Foraminiferenformen bestimmt und zum größten Teil auch abgebildet. Die Faunen stammen aus der Hemmoor- und der Reinbek-Stufe. Beide Stufen unterscheiden sich durch charakteristische Foraminiferen-Vergesellschaftungen. Von E. DIESEL & J. GROSZSTEINBECK stammt eine Arbeit „Über den Aufbau der Kölner Scholle auf Grund neuer Bohrungen“. Neben einem geologischtektonischen Überblick werden die Grundwasserverhältnisse dargestellt. „Ein Kaolin-Kohlenton,stein' im Rheinischen Braunkohlenrevier" wird von H. PIETZNER, M. & R. TEICHMÜLLER beschrieben. Es handelt sich um eine 2—3 cm mächtige Lage von Kaolin-Kohlenton in einer alttertiären Weichbraunkohle, der nach chemischen, röntgenographischen, spektroskopischen und optischen Untersuchungen den bekannten Kaolin-Kohlentonsteinen der karbonischen Flöze vollkommen entspricht. Es ist bewiesen, daß der Diagenesegrad keinen Einfluß auf die Mineralführung und die Textur der Kaolin-Kohlentonsteine hat.

Im zweiten Hauptteil „Lias und Dogger" ist zunächst eine Arbeit von K. HOFFMANN über „Lias und Dogger im Untergrund der Niederrheinischen Bucht" enthalten. Die Ammoniten-Zonen und -Subzonen des Lias werden mit ihrem Fossilinhalt (Großfossilien) ausführlich besprochen. Es herrscht Übereinstimmung mit der nordwestdeutschen Gliederung. Es folgt eine kurze Darstellung der paläogeographischen Entwicklung der Niederrheinischen Bucht im Lias und Dogger. Den Abschluß bilden Schichtenverzeichnisse einiger Bohrungen, ebenfalls wieder mit Fossilangaben. Thematisch damit zusammenhängend ist der Beitrag von R. THIENHAUS: „Stratigraphie, Tektonik und Eisenerzführung des Lias-Muldengrabens von Bislich am Niederrhein". Das Eisenerzlager wird in den tiefen Lias gamma eingestuft. Der bis 10 m mächtige Eisenoolith-Horizont ist wie die Dogger- und Korallenoolith-Erze Nordwestdeutschlands eine Transgressionsbildung. Drei weitere Arbeiten haben Fragen der Mikrofauna zum Inhalt: F. GRAMANN: „Skulptierte Ostracoden aus dem niederrheinischen Lias", W. KNAUFF: „Zur Mikrofauna im Mittel-Lias niederrheinischer Bohrungen" und W. KNAUFF & E. SCHRÖDER: „Über die Verbreitung des Lias am nördlichen Eifelrande südlich Düren".

Im dritten Hauptteil „Zechstein" sind vier Arbeiten von rein paläontologischem Inhalt vertreten. M. F. GLAESSNER & E. MALZAHN beschreiben „Neue Crustaceen aus dem niederrheinischen Zechstein". Im Beitrag von H. SCHERP: „Foraminiferen aus dem Unteren und Mittleren Zechstein Nordwestdeutschlands", werden von den insgesamt gefundenen 103 Arten und 16 Unterarten eine Reihe beschrieben und abgebildet. 17 Foraminiferengattungen konnten erstmalig im deutschen Zechstein nachgewiesen werden. H.-J. SCHWEITZER beschreibt die „Makroflora des niederrheinischen Zechsteins". Die gefundenen Reste von Zechsteinpflanzen gehören zu insgesamt 10 Arten. Von W. ZIEGLER stammt eine Arbeit über „Die Conodonten aus den Geröllen des Zechsteinkonglomerates von Rossenray (südwestlich Rheinberg/Niederrhein)". Das Zechsteinkonglomerat im Schacht Rossenray behandeln außerdem noch folgende Arbeiten: E. MALZAHN: „Fossilführende Gerölle des Zechsteinkonglomerates im Schacht Rossenray 1" und G. LÜTTIG: „Geröllmorphometrie des Zechsteinkonglomerates im Schacht Rossenray 1". Schließlich ist in diesem Hauptteil noch eine Arbeit von E. MALZAHN & A. RABITZ enthalten: „Ein Aufschluß in Zechstein-Randfazies im Hünxer Graben bei Bottrop und seine Fauna".

Der vierte Hauptteil „Der präpermische Unterbau" beinhaltet zwei Arbeiten. Zunächst einen Beitrag von W. ELBERSKIRCH & J. WOLBURG: „Zur Tektonik des Karbons am linken Niederrhein im Profil der Bohrungen Wachtendonk 1 – Emmerich 1". Seismische Untersuchungen haben in diesem Gebiet das geologische Bild wesentlich ergänzt und zu einer weitgehenden Revision der bisherigen Vorstellungen geführt. So wurden u. a. bei Emmerich Paläozän und bei Wachtendonk ein Äquivalent der Maastrichter Tuffkreide sowie Kohlenkalk und Oberdevon nachgewiesen. Der zweite Beitrag stammt von P. HOYER: „Das Verklingen der variscischen Faltung am unteren Niederrhein". Zunächst werden kurz der tektonische Bau des Steinkohlengebirges und die regionale Ausdehnung der Faltung des Karbons beschrieben. Die Faltung und die Anlage der meisten Störungen erfolgten am Ende oder nach dem Westfal C. Die Bewegungen an den Störungen lebten auch später immer wieder auf, z. T. dauern sie bis in die Gegenwart fort. Als Anlage werden für das Gebiet am linken Niederrhein eine abgedeckte Karte des Steinkohlengebirges im Maßstab 1:100000 und ein Korrelationsversuch der wichtigsten Bohrprofile aus den unverritzten Teilen des Steinkohlengebirges gegeben.

Abschließend ist festzustellen, daß der vorliegende 6. Band der „Fortschritte in der Geologie von Rheinland und Westfalen" in der nun schon bereits bewährten Art der Zusammenstellung von Themenkomplexen in derartigen Symposien im Kreis der interessierten Geologen und Paläontologen sicher begrüßt und eine freundliche Aufnahme finden wird. Es soll auch nicht verabsäumt werden, die gute Ausstattung, vor allem die Qualität der Bildtafeln, Abbildungen und Karten, hervorzuheben. LAZAR

SHDANOW, M. A.

Methoden der Berechnung von Lagerstättenvorräten an Erdöl und Erdgas

„Schriftenreihe des praktischen Geologen", Bd. 5, Akad.-Verl., Berlin 1963; 172 S., 29 Tab., 18 Abb., DM 22,—

In dem Umfang, in dem die Wissenschaft den Charakter einer Produktivkraft annimmt, wird sie bestrebt sein, ihre Untersuchungen und deren Ergebnisse in klaren Werten auszudrücken. Die hier vorliegende Arbeit von MICHAIL ALEKSEJEWITSCH SHDANOW, Professor am Erdölinstitut in Moskau, entspricht diesem Streben auf dem Gebiet der Berechnung von Erdöl- und Erdgaslagerstätten.

Mehrere Arbeiten ähnlichen Inhalts aus der Feder dieses anerkannten Experten sind bekannt. Den vorliegenden Ausführungen aber kommt für die Erdölwissenschaftler in unserem Staat insofern besondere Bedeutung zu, als speziell Verhältnisse in der DDR angesprochen werden und die hiesigen Probleme besonders berücksichtigt sind. Diese interessante Thematik verdanken wir der engen Zusammenarbeit zwischen dem Verfasser und dem Vorsitzenden der Zentralen Vorratskommission in der DDR, Dr. F. STAMMBERGER, der nicht allein als Übersetzer und Redakteur einen wesentlichen Beitrag leistete, sondern vor allem auch in der Kennzeichnung hiesiger Schwerpunkte fruchtbringende Hinweise und sachliche Anregungen geben konnte.

Die kluge Beschränkung der Abhandlungen auf die notwendigsten mathematischen Formeln im Text dient dem Zweck, für die Geologen der Praxis die Handhabung der Rechenmethoden zu vereinfachen und sie verständlicher zu machen.

So hatte diese Arbeit, wie im Vorwort vermerkt wird, nicht die Aufgabe, einen erschöpfenden Überblick über dieses Fachgebiet allgemein zu geben, sondern als eine Art Instruktion für den täglichen Gebrauch zu wirken. Der Verfasser hat die unter solchen Bedingungen nicht leichte Themenstellung mit großem Geschick behandelt.

Im einzelnen werden für Erdöl drei Vorratsberechnungsmethoden expliziert, nämlich: die Volumenmethode, die statistische Methode und die Methode der Materialbilanz. Für die Berechnung von Erdgas kommen die Volumenmethode und die Druckabfallmethode zur Behandlung.

Ein wesentlicher Teil der Erörterungen dient der Erfassung prognostischer Vorräte an Erdöl und Erdgas. Hier werden ausführlich die Grundlagen für die qualitative und die quantitative Einschätzung aufgezeigt und Richtlinien für die Anfertigung von Prognosekarten gegeben.

Das Literaturverzeichnis mit 29 Titeln umfaßt die wichtigsten auf diesem Gebiet erschienenen Arbeiten.

Mit diesem Buch liegen den Erdölwissenschaftlern der DDR Ausführungen vor, die als richtungweisend anzusehen sind für die weiteren Arbeiten. K. KAUTER

MEINHOLD, R.

Erdölwirtschaft und -lagerstätten, mit besonderer Berücksichtigung der europäischen Erdölversorgung

Sitz.-Ber. d. D. Akad. Wiss. z. Berlin, 1963, Nr. 1, Akademie-Verlag, Berlin 1963, 43 S., 11 Abb., 10 Tab., 4,80 DM

Die immer schnellere Entwicklung, die in unserem Jahrhundert der Weltenergieverbrauch genommen hat und aller Voraussicht nach in einer steil ansteigenden Kurve weiterhin nehmen wird, und die sehr bedeutende Rolle, die dabei Erdöl und mehr und mehr auch Erdgas spielen, die heute etwa die Hälfte des Weltenergiebedarfs decken, hat zu mancherlei Prognosen Anlaß gegeben. Daß diese einander oft weitgehend widersprechen, erklärt sich zwar z. T. durch die divergierenden Interessen, die dabei im Spiel sind, hauptsächlich aber durch die Schwierigkeit, bei einer derartigen Entwicklung ein objektives Bild zu gewinnen. Um ein solches bemüht sich R. MEINHOLD in der vorliegenden Arbeit, die einem im März 1962 in der Deutschen Akademie der Wissenschaften gehaltenen Vortrag entspricht. Die tabellarischen Übersichten gehen daher über den Stand von 1961 nicht hinaus und beschränken sich z. T. auf den von 1960. Wenn also hier auch nicht die neuesten Informationen zu entnehmen sind, so behält die Arbeit doch ihren Wert, da sie an die zur Zeit der Abfassung verfügbaren Daten nüchternsachliche Erwägungen knüpft und einen durch Tabellen, Kurven und Karten gestützten Gesamtüberblick gibt. Nach einer Abgrenzung der Möglichkeiten für eine Voraussage über die gewinnbaren Erdölvorräte werden ausgehend von der organischen Theorie der Erdölentstehung die Vorräte einer Reihe von großen Sedimentationsbecken in ihrem Verhältnis zum Sedimentationsinhalt zusammengestellt und ferner besonders die Vorausschätzungen von WEEKS über die verschiedenen biogenen Energievorräte der Erde behandelt. MEINHOLD kommt zu dem Ergebnis, daß die Kohlenwasserstoffe ihre Rolle in der Energiewirtschaft behaupten werden, wenn auch ihr prozentualer Anteil trotz mengenmäßiger Zunahme zurückgehen wird. Der umfangreichste Abschnitt der Arbeit ist den großen Lagerstätten von Erdöl und Erdgas in ihrer globalen Verteilung und ihrer Bedeutung für den Weltenergiehaushalt gewidmet. Europa ist am eingehendsten behandelt. Im Rahmen eines weiteren Abschnitts über die allgemeinen geologischen Bedingungen der Erdöllagerstättenbildung erörtert der Verf. auch die besonderen Gegebenheiten der DDR und weist abschließend auf Probleme der weiteren Entwicklung der Erdölgewinnung hin, die sich mit dem Übergang zur Ausbeutung schwer zugänglicher Lagerstätten ergeben werden, und auf die bedeutenden Aufgaben, die Geologie und Geophysik dabei zu bewältigen haben werden. H. HAVEMANN

SCHTSCHEGLOW, A. D.

Erzlagerstätten Westtransbaikaliens

„Geol. rudn. mestoroshd.", (1959), Nr. 4, S. 17—36

In Westtransbaikalien (Ostsibirien) unterscheidet man kaledonisch und variszisch gefaltete Zonen, die sich durch spezifische metallogenetische Zonen auszeichnen. Die Kaledoniden treten im Gebiet nordwestlich des Mittellaufs der Flüsse Tschikoj und Ingoda, die Varisziden im Gebirge Satschikoj und Daurien auf. Die Grenze verläuft an der tektonischen Naht Tschikoj—Ingoda, wo sich zahlreiche kompliziert aufgebaute Brüche befinden.

Bei den im kaledonischen Gebiet vor allem verschiedentlich sehr verbreiteten Eisenerzlagerstätten handelt es sich um Magnetit-Skarne an Kontakten zwischen Pegmatitgängen und Kalken, metamorphe Erze im Kambrium, liquidmagmatische Magnetit- und Titanomagnetit-Erze in Verbindung mit altpaläozoischem Gabbro und um Skarne und hydrothermale Gänge, die in genetischer Beziehung zu altpaläozoischen Graniten stehen. Die Blei-, Zink-, Kupfer- und Molybdänerze sind im kaledonischen Bereich sehr spärlich.

Im variszischen Gebiet sind eine Reihe von Gold-, Zinn-, Wolfram-, Molybdän- und Fluoritlagerstätten anzutreffen. Die Erze finden sich meist in mittelpaläozoischen Sandsteinen und Schiefern. Mit größeren sauren und ultrasauren Granitmassiven sind Pegmatitgänge, Greisen und Quarz-Zinnstein-Gänge mit Wolframit, Topas und Turmalin verbunden. Einen wesentlich größeren wirtschaftlichen Wert besitzen dagegen Wolfram-, Zinn- und Golderze, die in genetischer Beziehung zu Biotit-Graniten, Granit-Porphyren und Granodiorit-Porphyren stehen. Diese Magmatite treten an größeren tektonischen Spalten auf. Das absolute Alter dieser Intrusiva und Erze wird mit etwa 170 bis 175 Mill. Jahre angegeben.

Am jüngsten sind Antimonglanz-, Zinnober-, Scheelit- und Fluoritvorkommen, die in beiden metallogenetischen Zonen verbreitet sind. —s—

BAZYNSKI, J. & A. KÜHN

Die ingenieurgeologische Bedeutung der Karsttrichter am Beispiel des Gebietes Czestowa

„Przeglad Geologiczny", H. 7, Warschau 1958, S. 293 bis 299

Den Ausführungen wird eine Literaturdiskussion über Karstformen und deren Entstehung vorangestellt. Die Sohlen der Dolinen wirken als Ponore, die nicht nur Wasser, sondern auch Sand verschlucken. Bei Geschiebemergel über verkarstbaren Gesteinen treten häufig Erdfälle auf. Wenn Löß an der Oberfläche ansteht, bilden sich kleine Erdfälle.

Die geschilderten Erscheinungen wurden im Bereich eines Hüttenkombinats bei Czestowa beobachtet. Hier traten mehrere Karstdolinen mit einem Durchmesser von 1 bis mehreren Dutzend Metern auf. Es wurden auch mehrere Spezialdolinen beobachtet, die zu einer großen Doline mit den Ausmaßen 40 × 250 m vereinigt sind. Die meisten gehören zum Korrosions-Suffosions-Typ. Die linienhafte Anordnung der Dolinen und die geologische Aufnahme des Gebiets zeigten, daß der Karst im Bereich von Verwerfungszonen am intensivsten wirkt. Unter Mithilfe von geoelektrischen Messungen war es möglich, eine geologische Kartierung durchzuführen, die u. a. folgendes ergab:

Im Kalk wurde keine merkliche Erhöhung des elektrischen Widerstandes beobachtet, woraus man schloß, daß etwa vorhandene Höhlen nur kleine Ausmaße haben. Frostkeile stellen immer einen ausgezeichneten Angriffspunkt für die Entstehung einer Doline dar.

Im Bereich der Dolinen waren verschiedene Klärbecken errichtet worden. Infolge unterschiedlicher Setzungen, die auf Suffosionen zurückzuführen waren, traten verschiedene Schäden an ihnen auf. Der Abfluß der Wässer aus den Klärbecken führte zur Verstärkung der Suffosionserscheinungen und schließlich zur Hohlraumbildung, was eine Absenkung des Klärbeckens bis zu 60 cm zur Folge hatte. Die Schäden wurden durch Abdichtung mit Zementsuspensionen behoben. Bei den Injektionsarbeiten beobachtete man, daß die größten Aufnahmen im Niveau des Karstwasserspiegels zu verzeichnen waren. Nach Behebung der Schäden wurden eine laufende Kontrolle der Bauwerke und eine strenge Kontrolle über die Industrieabwässer im Bereich des Karstgebiets angeordnet. Die Arbeit vermittelt in kurzer, anschaulicher Form Erfahrungen über ingenieurgeologische Arbeiten in Karstgebieten. Sie ist für alle in den Kalkgebieten des deutschen Muschelkalkes arbeitenden Ingenieurgeologen lesenswert. F. REUTER

Neuerscheinungen und Literaturhinweise

KOSLOW, W.

Geologie und Genese der Sebelinsker Erdgaslagerstätte

Gostoptechisdat, Moskau 1962, 174 S.

ZAPP, A.

Future petroleum producing capacity of the United States

Geological Survey Bulletin, 1142 — H, Washington 1962, III, 36 S.

AMMOSOW, I. I. & TAN SJU-I

Die Stadien der Veränderung der Kohlen und die paragenetischen Beziehungen der fossilen Brennstoffe

Verl. AN SSSR, Moskau 1961, 116 S.

LANDIS, E.

Uranium and other trace elements in devonian and mississippian black shales in the central midcontinent area

Geological Survey Bulletin, 1107—3, Washington 1962.

Autorenkollektiv

Fragen der Methodik der Bemusterung von Erzlagerstätten bei der Erkundung und Ausbeutung

Gosgeoltechisdat, Moskau 1962, 221 S.

ASISBEKOW, S. A. u. a.

Geologie der Blei-Zink-Lagerstätten des Kaukasus und ihre Verteilungsgesetzmäßigkeiten

Gosgeoltechisdat, Moskau 1962, 165 S.

ALBERS, J. & J. F. ROBERTSON

Geology and ore deposits of East Shasta copper-zinc district, Shasta County, California

Geological Survey Professional Paper, Washington 1962, 107 S.

BYKOWA, V.

Die Typen der Lößgesteine der Südukraine und ihre ingenieurgeologische Charakteristik

Verl. AN SSSR, Moskau 1962, 113 S.

Autorenkollektiv

Handbuch des Hydrogeologen

Gosgeoltechisdat, Moskau 1962, 615 S.

Nachrichten und Informationen

I. Internationales Kolloquium über öffentliche Bauarbeiten auf gipsartigen Gesteinen

Im Jahre 1962 wurde durch den Geologischen Dienst für öffentliches Bauen in Madrid ein internationales Kolloquium zum Bauen auf Gips durchgeführt. Die Teilnehmer gaben folgende Schlußfolgerungen und Empfehlungen bekannt:

1. Schäden entstehen infolge der leichten Auflösbarkeit des Gipses durch Wasser und durch die Aggressivität schwefelsaurer Grundwässer auf Zement und ähnliche Bindemittel.

2. Beim Bauen auf Gips sollte folgendes beachtet werden:
a) Den geologischen Voruntersuchungen ist in Gipsgebieten größte Bedeutung beizumessen.
b) Die Untersuchungen dürfen sich nicht nur auf die Oberflächengeologie beschränken, sondern sie müssen sich auch mittels mechanischer Bohrungen und geophysikalischer Sondierungen bis in tiefere Schichten erstrecken.
c) Wenn die herkömmlichen geophysikalischen Methoden nicht ausreichen, sollte man zu neuen Methoden greifen, die besonders auf die Untersuchung von Gipsuntergrund ausgerichtet sind.
d) Es sind Forschungsarbeiten hinsichtlich des Studiums der Aggressivität von Gipswässern durchzuführen.
e) Die Möglichkeit eines Kontaktes zwischen Wasser und Gips sowie zwischen schwefelsaurem Wasser und den Bauwerken soll nach Möglichkeit vermieden werden, nötigenfalls auch durch Abdichtungsarbeiten mittels Injektionen.
f) Für Bauwerke, die mit schwefelsaurem Wasser in Berührung kommen, sollte je nach dessen Konzentration geeigneter Zement verwendet werden.
g) Alle in Gipsgebieten zu errichtenden Bauwerke sind besonders sorgfältig auszuführen. Auch die Verwendung eines Spezialzements entbindet nicht von diesen Vorschriften.
h) Alle auf Gipsuntergrund errichteten Bauwerke sollten laufend überwacht werden.

3. Auf dem I. Kolloquium wurden Arbeiten aus solchen Gegenden vorgelegt, in denen im Mittel mit gemäßigten Regenmengen zu rechnen ist. Die Untersuchungen sollen auch auf Gebiete mit abweichenden klimatischen Bedingungen ausgedehnt werden.

4. Es wurde die Bildung von ständigen nationalen Arbeitsgruppen beschlossen, die die Arbeit des I. Kolloquiums hinsichtlich des Bauens auf Gips- und Salzgesteinen fortführen sollen. Die Arbeit der nationalen Gruppen wird durch ein Zentrum koordiniert, das beim Geologischen Dienst für öffentliches Bauen in Madrid seinen Sitz hat. (Zur Zeit bestehen nationale Arbeitsgruppen in Frankreich, Italien, Spanien und den USA.)

5. Die Aufgaben der nationalen Arbeitsgruppen sind folgende: Genese der Gips- und Salzgesteine, Veränderungen der Gesteine, Hydrogeologie der Gesteine, Mechanik der Gesteine, Klimatologie, technische und ökonomische Probleme hinsichtlich des Bauens auf Gips- und Salzgesteinen.

6. Das II. Internationale Kolloquium soll im Jahre 1964 stattfinden. Die Organisation dieses Kolloquiums wird einer der nationalen Arbeitsgruppen übertragen werden.

REUTER

Erdöl/Erdgas

Die westdeutsche Bohrtätigkeit 1962

In den westdeutschen Bohrleistungen ist für 1962 gegenüber dem Vorjahr ein Rückgang um 12,6% zu verzeichnen. Die insgesamt niedergebrachten 504133 Bohrmeter und die des Vorjahrs verteilen sich wie folgt:

	1961	1962
Aufschlußbohrungen	122331 m	112053 m
Erweiterungsbohrungen	90192 m	92345 m
Produktionsbohrungen	354114 m	290316 m
Hilfsbohrungen	10116 m	9419 m
Insgesamt	576753 m	504133 m

Für diesen Rückgang, der den der Vorjahre fortsetzt, werden in der „Erdöl-Zeitschrift", Wien, März 1963, drei Gründe angeführt: Erstens seien die Bohrleistungen vor 1960 außerordentlich hoch gewesen, zweitens habe sich der Bohrfortschritt in der Zeiteinheit dadurch vermindert, daß man in größere Teufen vordringen mußte, und drittens spiele die teilweise Verlagerung der Bohrtätigkeit auf Auslandskonzessionen westdeutscher Gesellschaften (besonders in Nordafrika) eine Rolle.

Auch der Anteil der Bohrungen, die öl- oder gasfündig wurden, hat sich verringert: von 74,7% (1960) über 72% (1961) auf 70% (1963), nämlich 199 von 284 Tiefbohrungen. Der Anteil der Aufschluß- und Erweiterungsbohrungen an der Gesamtbohrstrecke war jedoch mit 40,5% höher als bisher (1961 nur 36,8%). Die Bohrleistungen 1962 verteilen sich auf das Weser—Ems-Gebiet mit 131000 m, Schleswig-Holstein mit 89000 m, das Alpenvorland mit 56000 m und den Oberrhein mit 34000 m. Ein Rest entfiel auf Münsterland und Weserbergland. Neuerschlossen wurden vier Ölfelder und zwei Erdgasvorkommen, die ersteren im Alpenvorland (Höhenrain 1, Ellwangen 3, Pfullendorf 2) und in Schleswig-Holstein (Preetz 1). Gasvorkommen erschlossen die Bohrungen Bahrenborstel Z1 (Weser—Ems) und Kirchdorf 1 (Alpenvorland). 16 von 36 Erweiterungsbohrungen wurden öl- oder gasfündig.

Die Vorausschätzungen für die westdeutsche Erdölproduktion bis 1967, die (nach der genannten Zeitschrift) für 1963 auf 7400910 t, 1967 auf 7692630 t lauten, setzen Neuaufschlüsse von enorm zunehmender Steigerung von Jahr zu Jahr voraus: 1963: 20000 t, 1964: 50000 t, 1965: 200000 t, 1966: 500000 t, 1967: 900000 t, wobei mit einem Rückgang aus den bisherigen Aufschlüssen von 7380910 (1963) auf 6792630 (1967) gerechnet wird. Wie sich die extremen Erwartungen betreffs der Neuaufschlüsse begründen sollen und wie sie mit der obenerwähnten Auslandsverlagerung der Bohrtätigkeit in Einklang zu bringen sind, bleibt das Geheimnis dieser Schätzungen. — Ha —

Neue sehr ergiebige Erdölbohrung bei Gänserndorf

Die Ende 1962 begonnene Bohrung „Schönkirchen T 4" im Raum von Gänserndorf (Österreich) hat sich in 2850 m Teufe als die ergiebigste Erdölbohrung der letzten Jahre in Österreich erwiesen. Die bisherige Tagesbestförderung betrug 326 t. Das Öl ist paraffinhaltig und enthält 6% Benzin, 23,5% Petroleum, 17,5% Gasöl und 0,2% Schwefel. Die aus derselben Lagerstätte (Mesozoikum) seit September 1962 fördernde Bohrung „Schönkirchen T 2" hat eine mittlere Tagesförderung von 160 t und lieferte bis Anfang April 1963 27550 t. Die ölführende Schicht ist 103 m mächtig und reicht von 2795 bis 2898 m Teufe. Weitere Tiefbohrungen sollen folgen. — Ha —

Die Erdölförderung in der VR Ungarn

Ungarn gehört nicht zu den Großproduzenten von Erdöl. Jedoch konnte es seine Jahresförderung dank erheblicher Bohrtätigkeit von 1958 bis 1962 durch die Erschließung neuer Vorkommen verdoppeln, so daß es für 1962 eine Förderung von 1,6 Mill. t aufweist. Bis 1965 hofft man, eine Steigerung auf 2,2 Mill. t zu erreichen. Auch die Kapazität der Raffinerien ist im Anwachsen, sie nahm bis 1961 in drei Jahren um 1 Mill. t zu und erhöhte sich 1962 um etwa $1^1/_2$ Mill. t. Bis 1965 sollen 30 chemische Betriebe geschaffen werden, die hauptsächlich auf Erdölbasis arbeiten. — Ha —

Jugoslawiens Erdölförderung

Von der jährlich etwa 1,5 Mill. t betragenden Erdölförderung Jugoslawiens entfallen auf die Erdölfelder der Wojwodina rd. 370000 t. Der Rest stammt aus kroatischen Vorkommen.

In den nächsten Jahren wird in der Wojwodina eine Erdölförderung von etwa 1,2 Mill. t erwartet. Auf Grund der zwei Ende 1962 bei Struzec entdeckten Vorkommen soll die kroatische Förderung auf 1,5 Mill. t/Jahr erhöht werden.

Ein neues Erdölfeld wurde Ende 1962 in der Nähe von Novi Sad aufgefunden. Die geologischen Arbeiten an der rumänisch-jugoslawischen Grenze hofft man bald erfolgreich abschließen zu können. — s —

Großes Erdölbohrprogramm der VR Bulgarien

In der VR Bulgarien sind auf Grund von geologischen Untersuchungen der letzten Jahre bis 1980 etwa 1500 Tiefbohrungen auf Erdöl und Erdgas projektiert. 700 Mill. Lewa sind dafür bereitgestellt. Eine Gesamtproduktion bis 1980 von 4 Mill. t Erdöl und 2 Mrd. m^3 Erdgas wird erwartet. Das bulgarische Erdöl ist reich an leichten Fraktionen, aus denen hochwertige Brennstoffe gewinnbar sind. — Ha —

Neuer Erdgasfund südlich Bilbao

9 km westlich der jungen Industriestadt Vitoria, etwa 45 km südlich von Bilbao (Spanien), wurde in etwa 2500 m Teufe im Cenoman Erdgas erbohrt. Der Zufluß wird auf über 100000 m^3 täglich geschätzt. Südlich von Vitoria wurde bereits 1960 und 1961 von den Bohrungen Castillo 1 bei 2598 m und Castillo 2 bei 3498 m Teufe Erdgas angetroffen, in beiden Fällen ebenfalls im Cenoman. Die Verwertung soll nach Fertigstellung einer Pipeline demnächst beginnen. Ob auch der neue Erdgasfund verwertbar ist, steht noch nicht fest. — Ha —

39 Mill. t Erdölförderung 1962 in Afrika

Von 6,65 Mill. t 1959, 13,67 Mill. t 1960 ist die Gesamtförderung von Erdöl in Afrika über 23,44 Mill. t 1961 nunmehr 1962 auf 38,83 Mill. t angestiegen. Davon entfallen 20,4 Mill. t auf die algerische Sahara, deren Produktion 1960 mit 8,4 Mill. ihren großen Aufstieg begann und heute die Gesamtproduktion Westeuropas erheblich übertrifft. Auf 9,25 Mill. t ist im Laufe eines Jahres Libyen, das 1961 nur erst 700000 t lieferte, 1962 emporgeschnellt. Die Förderungssteigerungen der übrigen Erdöl produzierenden Länder sind zwar damit nicht zu vergleichen, aber doch auch recht beträchtlich. Die VAR erreichte 4,3 Mill. t nach 3,76 im Vorjahr, Angola verdoppelte seine Produktion auf 1 Mill. t, Marokko erhöhte sie von 0,08 auf 0,13 Mill. t, Nigeria von 2,29 auf 3,3 Mill. t, während Gabun mit 0,95 gegen 0,88 Mill. t relativ zurückblieb. Die afrikanische Gesamtförderung stellt zwar erst 3,2% der Weltförderung dar, aber der Produktionssteigerung nach steht Afrika an erster Stelle. — Ha —

Erdölfund in Israel

Die Bohrung Kochav V traf in 1575 m Teufe Erdöl an. Ölführend sind 7 m mächtige dolomitische Gesteine. Da sich auch die reichen Erdölvorkommen Saudi-Arabiens, des Irans und Iraks in der gleichen Formation befinden, werden in Israel an diesen Ölfund große Hoffnungen geknüpft. — s —

Erdgasvorräte in Israel

Die Vorräte der in der Negev-Wüste von Israel entdeckten Erdgasvorkommen Zohar und Kidod werden (nach „Erdöl und Kohle“, März 1963, Nr. 3) auf 80 Mrd. m^3 geschätzt. Die Naphtha Israel Petroleum Corp. Ltd. schätzt sie sogar auf 120 Mrd. m^3. Die Verlegung von Pipelines nach den Industriegebieten im Süden von Israel ist zwar in Aussicht genommen, die Frage der Finanzierung ist jedoch noch nicht gelöst. — Ha —

Die Ölschiefer Brasiliens

Das Öl der Ölschiefer wird vielfach, besonders in der kapitalistischen Welt, noch lediglich als eine Reserve für die Zukunft betrachtet, da seine Gewinnung einstweilen als nicht rentabel genug erscheint. Brasilien aber hat auch aus wirtschaftlichen Gründen Anlaß, die Ausbeutung seiner reichen Ölschiefervorkommen bald in Angriff zu nehmen. Die Erdölvorräte des Landes werden auf nur 125 Mill. m^3 geschätzt. Im Paraibatal wird zwar eifrig nach Erdöl gebohrt, aber die Erfolgsaussichten sind nicht sehr groß. Dagegen sind die Ölschiefervorkommen in den Südstaaten umfangreich und für den Abbau besonders günstig gelegen. Das aus den Schiefern von Irati mit 9% Ölgehalt gewinnbare Öl wird auf 128 Mill. t geschätzt, und die Vorräte, die in den Schiefern von Tremembé mit 5,5% Ölgehalt enthalten sind, sollen 320 Mill. t betragen. Die Kosten eines Werks für die Ölgewinnung aus den Schiefern (etwa 23 Mill. $) würden sich den Expertenberechnungen nach bereits in zwei Jahren amortisieren, und das Öl würde um die Hälfte billiger sein als importiertes Öl. Als Nebenprodukt der Ölgewinnung würden nach diesen Berechnungen noch täglich 20 t Schwefel anfallen. — Ha —

Kohle

Die Überlegenheit der sowjetischen Kohle

Die Sowjetunion und die USA sind die beiden größten Kohlenproduzenten der Welt. Wenn man die Kohlenförderung der beiden Länder nach ihrer Weltbedeutung vergleichen will, so geht es dabei nicht allein um Quantitäten, sondern um Abbaubedingungen, Schichtleistung, Transportmöglichkeiten, Zukunftsaussichten und nicht zuletzt natürlich um die Qualität der Kohle. In den USA, wo ein erheblicher Teil der Flöze in geringer Tiefe liegt, sind die Abbaubedingungen einstweilen besonders günstig, was sich in Schichtleistung und Preis ausdrückt. Der Leiter des „Mineral Department“, KELLY, behauptet sogar, daß der amerikanische Kohlenbergbau jeden Bedarf zu relativ geringen Preisen decken könne. Aber diese günstige Lage, die es der USA-Kohle ermöglicht, der europäischen scharfe Konkurrenz zu machen, wird nicht von langer Dauer sein. Von den auf 1555 Mrd. t geschätzten Gesamtvorräten der USA weisen nämlich nur 35 Mrd. t die genannten günstigen Abbaubedingungen auf, und von diesen ermöglichen wiederum nur 3,4 Mrd. t die hohen Schichtleistungen, die in den letzten Jahren erreicht wurden. Diese vorteilhaften Lagerstätten befinden sich im Appalachen-Revier, das sich über 1000 km erstreckt und 30% der jetzigen amerikanischen Gesamtförderung liefert.

Während sich die amerikanischen Schichtleistungen mit dem Übergang zu weniger günstigen Lagerstätten verringern werden, ist in der Sowjetunion (wie auch in China) ein derartiger Rückgang nicht zu erwarten, denn dort hat bei vielen neuentdeckten Vorkommen der Abbau eben erst begonnen, und andere sind noch gar nicht in Angriff genommen. Die UdSSR verfügt auch über Kohle von ausgezeichneter Qualität, insbesondere über einen Anthrazit, der dem amerikanischen überlegen ist. Der sowjetische Bergbau ist jedenfalls in der Lage, Anthrazit in größeren Mengen zu exportieren, während England, obwohl es selbst produziert, importieren muß und der Anthrazit der Ruhr in Westdeutschland, Holland und Dänemark verbraucht wird. Frankreich, das schon 1962 995000 t sowjetischen und nur 770000 t amerikanischen Anthrazit importierte, wird daher, wie der „Ruhrkohle-Pressespiegel“, Essen, Nr. 53, 1963, mitteilt, 1963 bereits 1,4 Mill. t sowjetischen Anthrazit einführen und mehr und mehr zu diesem übergehen. — Ha —

Erze

Umstellung auf Tagebauförderung von Eisenerz in der UdSSR

Durch die teilweise Umstellung auf Tagebau wurde im Eisenerzbergbau der UdSSR eine erhebliche Produktionssteigerung erzielt. Von 1958 bis 1962 stieg der Anteil des Tagebaus an der Gesamtförderung von 45% auf 64%, im Erzgebiet von Krivoi Rog sogar von 17% auf über 50%. Von der Gesamtförderung der UdSSR von 180 Mill. t im Jahr 1962 wurden 31 Mill. t in neu auf Tagebau umgestellten Bergwerken gefördert. An die Hochöfen wurden 128 Mill. t geliefert (gegenüber 118 Mill. t 1961), davon 83,28 Mill. t gesinterte Erze (gegenüber 74,2 Mill. t im Vorjahr). — Ha —

Eisenerzförderung im Bereich der Anomalie von Kursk

Zu den reichen Eisenerzvorkommen, auf welche die bekannte magnetische Anomalie von Kursk hindeutet, gehört als eines der reichsten das von Jakowlewsk bei Belgorod. Die Erschließung war bisher nicht gelungen, einmal wegen der erheblichen Tiefenlage und vor allem, weil mächtige wasserführende Schichten hinderlich waren. Das Institut Iushgiproruda hat nunmehr einen erfolgversprechenden Entwurf geliefert, nach welchem die Erschließung dieser Lagerstätte in Angriff genommen wurde. Den Erwartungen nach kommt in der ersten Etappe eine Jahresförderung von 18 Mill. t Erz mit 61% Fe-Gehalt in Frage. — Ha —

Die Blei-Zink-Erzlagerstätte Tynagh, Irland

Der sekundäre Erzkörper der in der Grafschaft Galway (Irland) festgestellten Blei-Zink-Erzlagerstätte Tynagh ist nach den letzten Bohrergebnissen etwa 540 m lang und unter der Überdeckung etwa 120 m mächtig. Mit acht noch laufenden Bohrungen wurde nunmehr teilweise der primäre Erzkörper festgestellt; aus einer Bohrung ergaben sich über eine Bohrlochlänge von 52 m primäre Erzgehalte von 8,3% Pb, 2,9% Zn, 4 oz Ag/t (1 oz = 31,1 g), in einer anderen Bohrung über eine Bohrlochlänge von 61 m 10,7% Pb, 5,6% Zn und 4,6 oz Ag/t. Die Kerne einer Bohrlochlänge von etwa 30 m hatten 2,38% Cu. —s—

Neues Zink- und Bleivorkommen in Nordkanada

Im Yukon, dem arktischen Gebiet von Nordkanada, wo einst das Gold von Klondike gefunden wurde, ist 320 km nördlich von Whitehorse ein großes Zink- und Bleivorkommen entdeckt worden, das sich über 60 Quadratmeilen erstreckt. Das Erzlager befindet sich 1600 m über NN und kann im Tagebau ausgebeutet werden. Das mit der ersten Aufschlußbohrung geförderte Primärsulfid wies 34,4% Blei, 18,3% Zink und 5,25 Unzen Silber auf. Die zweite Bohrung erbrachte 11,6% Blei, 5% Zink und 3,5 Unzen Silber. Das Vorkommen ist nicht weit von Keno Hill, der größten Silbermine Kanadas, entfernt. In demselben Gebiet wurde wenige Monate zuvor eine Eisenerzlagerstätte gefunden, die auf 25 Mrd. t geschätzt wird und Erze mit wenig Schwefel und 50% Fe enthält. —Ha—

Erzvorkommen in Britisch-Kolumbien (Kanada)

Die 360 km nordwestlich Vancouver 1200 m über dem Meeresspiegel liegende Craigmontgrube gilt als größter Kupferproduzent Britisch-Kolumbiens (Kanada). Die nachgewiesenen und wahrscheinlichen Vorräte werden mit 22 Mill. t („Bergbauwissenschaften", 9/63) angegeben. Der durchschnittliche Metallgehalt beträgt 2,08% Kupfer und 19,6% Eisen. Drei durch metasomatische Verdrängung von Kalk durch Kupferkies, Magnetit und Hämatit entstandene, am Rande eines dioritischen Batholithen befindliche Erzkörper wurden aufgeschlossen; einer davon wird im Tagebau abgebaut. Täglich werden 5000 t Roherz gefördert. Die Vererzung konnte über 600 m streichende Länge und bis in 500 m Teufe nachgewiesen werden. Grauwacke bildet das Nebengestein. — Von 1958 bis 1962 wurden von der 20 km von der Stadt Hope entfernt liegenden einzigen Nickelgrube Britisch-Kolumbiens 710000 t Erz mit einem Metallgehalt von 4200 t Nickel und 1580 t Kupfer gefördert. Die nachgewiesenen Vorräte betragen („Bergbauwissenschaften", 9/63) etwa 1 Mill. t mit 1,18% Ni- und 0,4% Cu-Gehalt. Die Vererzung des etwa 10 km² großen Vorkommens ist an einen Dioritbatholithen geknüpft. Die Gänge fallen steil ein und führen Magnetkies, Pentlandit und Kupferkies. Die Mächtigkeit einzelner Erzkörper beträgt bis 30 m; die seigere Ausdehnung bis 300 m. — s —

Hüttenwerke an der Küste

Hüttenwerke wurden früher in der Mehrzahl möglichst in der Nähe der Rohstoffe, Erz und Kohle oder eines derselben, errichtet. Nur in Ländern, die ganz auf Rohstoffimporte angewiesen waren, bevorzugte man die Nähe eines Hafens. Vor dem zweiten Weltkrieg befand sich in den kapitalistischen Ländern nur jedes fünfte Hüttenwerk an der Küste, nach dem Kriege aber wurde etwa die Hälfte der 23 neuen Werke in der Nähe eines großen Hafens errichtet, und für vier Fünftel der geplanten Werke wurde eine solche Lage gewählt. Für Westeuropa erklärt sich diese Entwicklung hauptsächlich aus der Neuerschließung hochwertiger Erzlagerstätten in Afrika, Asien und Lateinamerika, deren Erze trotz der weiten Transportwege zu niedrigeren Preisen geliefert werden als die westeuropäischen Erze. Die Erzbasis aber ist für ein Hüttenwerk wichtiger als die Kohlenbasis. In den westdeutschen Hüttenwerken machten 1961 die Inlanderze nur noch 17% der Gesamtmenge aus, im Ruhrgebiet sogar nur 11 bis 12%. Die überseeischen Erze sind wegen des wachsenden Überangebots seit 1957 fast um die Hälfte im Preise gesunken.

Was die Abhängigkeit vom Standort der Kohle betrifft, so hat sich diese durch die Senkung des Koksverbrauchs durch neue Verfahren im Hochofenbetrieb verringert. Ferner liegt wiederum der Preis der amerikanischen Kohle mit 53 DM/t unter dem Ruhrkohlenpreis von 65 DM/t.

Während die USA schon seit langem küstennahe Hüttenwerke aufweisen und für die Inselreiche Großbritannien und Japan eine solche Lage das Gegebene war, begann auf dem westeuropäischen Festland die Entwicklung mit dem niederländischen Werk von Ijmuiden, das nach dem Krieg einen großen Aufschwung nahm, 1952 etwa 500000 t Stahl und 1960 1,6 Mill. t produzierte. Das an Erz und Kohle arme Italien hat mit amerikanischer Hilfe drei küstennahe Werke errichtet, die 1961 bereits 9,2 Mill. t Stahl produzierten. Das Werk Cornigliano bei Genua ist bei weitem das größte. Projektiert ist ein Werk in Taranto (Apulien), das Erze aus Venezuela und Goa verarbeiten, amerikanische Kohle verwenden und Länder des Nahen Ostens und Nordafrikas mit Stahl beliefern wird. Frankreich, das in Dünkirchen ein großes Stahlwerk besitzt, plant am Mittelmeer ein zweites großes küstennahes Werk.

In Westdeutschland wurde die Klöckner-Hütte Bremen 1957 in Betrieb genommen und produziert jetzt 1,2 Mill. t jährlich, 4—5 Mill. t sind das Ziel. — Ha —

Sonstiges

Neues Bauxitvorkommen in Neuseeland

Nähere Untersuchungen der bei Otoroa im Distrikt von Kaeo-Kerikeri auf der neuseeländischen Nordinsel entdeckten Bauxitvorkommen ergaben eine Größe der Lagerstätte von über 2,6 km² mit einer Mächtigkeit von 3—4,6 m. Die Vorräte werden auf 20 Mill. t veranschlagt. Der Bauxit besteht aus etwa 37,4% Tonerde, 23,6% Wasser, 23,3% Eisenoxyd, 4,6% Titanoxyd und 5,5% Silikaten. Der gewinnbare Tonerdegehalt wird auf über 30% geschätzt. Es ist möglich, daß sich in der Nähe noch weitere Bauxitvorkommen befinden. —s—

Erfahrungen bei submarinen Tiefbohrungen

Über Erfahrungen, die bei submarinen Tiefbohrungen im Rahmen des Mohole-Projekts nahe der kalifornischen Küste gemacht wurden (in etwa 950 m, nahe der Insel Guadeloupe sogar in 3560 m Wassertiefe) wird in Bull. Amer. Ass. Petr. Geol., 45, S. 1789—1800, berichtet. Danach sind solche Bohrungen auf hoher See durchführbar, wenn kein Wiedereinbringen des Gestänges in dasselbe Bohrloch erforderlich ist. Die Konstruktion des Gestänges muß derart sein, daß jede Überbeanspruchung, besonders nahe dem Bohrschiff und am Meeresboden, vermeidbar ist. Die Durchführung der Bohrungen wurde durch Meeresströmungen nur wenig erschwert und nicht in Frage gestellt. In der Nähe von Guadeloupe wurden 170 m kalk- und dolomithaltiger sowie toniger und feinsandiger Sedimente von jungtertiärem bis quartärem Alter durchteuft, deren Ablagerungsgeschwindigkeit auf 1 cm in 1000 Jahren bestimmt werden konnte. Das Liegende bestand aus einem Augit-Plagioklasbasalt, der sich von den Plateaubasalten und den Basalten von Hawaii besonders durch ein höheres Fe_2O_3/FeO-Verhältnis unterschied. — Ha —

Verfahren zur Aufsuchung von Lagerstätten unter Zuhilfenahme von Deklinationsmessungen

Die Anwendung des Magnettheodoliten zur Aufsuchung von Lagerstätten ist seit langem bekannt und erstmalig in Schweden zur Lokalisierung von Eisenerzlagerstätten angewandt worden.

Beim Vorhandensein von magnetisch wirksamen Lagerstätten sind Deklinationsstörungen vorhanden, so daß man aus dem Vorhandensein dieser Störungen auf das Vorhandensein entsprechender Lagerstätten schließen kann.

Leider ist nun die genaue Festlegung der zur Deklinationsbestimmung erforderlichen geographischen Nordrichtung immer mit größeren Schwierigkeiten verbunden. Trigonometrische und genaue polygonometrische Netze sind häufig nicht vorhanden, die Benutzung einer Karte kann nur ungenaue Ergebnisse liefern, und die Benutzung von Sonne oder Polarstern ist vor allem an wolkenbedeckten Tagen unmöglich.

Es wird deshalb vorgeschlagen, den Geographisch-Nord suchenden Kreisel mit der Magnetisch-Nord suchenden Magnetnadel derart zu kombinieren, daß auf jedem Meßpunkt unter Berücksichtigung der täglichen Variationen des erdmagnetischen Feldes die Deklination bestimmt werden kann.

Bei den heute vorhandenen Kreiseltheodoliten kann bei Benutzung eines transistorbestückten Generators die geographische Nordrichtung mit einer Genauigkeit von ± 20 Altsekunden festgelegt werden.

Montiert man auf die Kippachse eines Kreiseltheodoliten eine empfindliche Magnetnadel mit entsprechender optischer Ablesungsvorrichtung, dann kann mit diesem Kreiselmagnettheodoliten auf dem gleichen Meßpunkt Magnetisch-Nord bestimmt werden. Aus dem Unterschied beider Richtungsangaben ergibt sich die magnetische Deklination.

Bei dem Verfahren zur Aufsuchung von Lagerstätten unter Zuhilfenahme solcher Deklinationsmessungen wird auf jedem Meßpunkt die geographische Nordrichtung und anschließend die magnetische Nordrichtung festgestellt.

Bei Auswertung für mehrere Beobachtungspunkte lassen sich die Linien gleicher Deklinationswerte in eine Karte einzeichnen (Isogonenkarte), die ein außerordentlich wertvolles Hifsmittel für die Beurteilung der Frage ist, ob Lagerstätten besonderer Art vorhanden sind oder nicht.

DBP. Anm.: 1118903. H. FRIEDEMANN

Nachtrag und Ergänzung zur Literatur über ingenieurgeologische Kartierung[1])

ADLER, G. & W. HORST: Geologisch-geoelektrische Kartierungen für das Pumpspeicherbecken Wendefurth/Harz. – Z. angew. Geol., 7, 8, 403–405, Berlin 1961.
BACHMANN, G., K. MARQUARD & F. REUTER: Ingenieurgeologische Spezialkarte der Autobahn Berlin–Rostock, Abschnitt Güstrow, M. 1 : 25000. – Herausgeg. vom Zentr. Geol. Inst., Berlin 1962.
– Ingenieurgeologische Probleme des Verkehrsbaues. – Z. angew. Geol., 9, 3, 140–144, Berlin 1963.
BACHMANN, G. & F. REUTER: Die komplexe ingenieurgeologische Untersuchung und Fragen ihrer Wirtschaftlichkeit. Dargestellt am Beispiel der ingenieurgeologischen Detailkarte der Stadt Bad Frankenhausen. – Z. angew. Geol., 8, 8, 408–414, Berlin 1962.
– Ingenieurgeologische Spezialkarte des Pumpspeicherwerkes Trebitz bei Wettin, M. 1 : 10000. – Herausgeg. vom Zentr. Geol. Inst., Berlin 1962.
– Ingenieurgeologische Detailkarte der Stadt Bad Frankenhausen, M. 1 : 5000. – Herausgeg. vom Zentr. Geol. Inst. Berlin, 1962.

[1]) Seit der Zusammenstellung in Heft 3/1961 dieser Zeitschrift sind eine Reihe weiterer wichtiger Arbeiten über die ingenieurgeologische Kartierung erschienen.

GRAUPNER, A.: Die Kartierung von Festgesteinen für geotechnische Zwecke. – Geol. Bauw., 26, 4, 273–288, Wien 1961.
HÄNDEL, D.: Ingenieurgeologische Detailkarte der Stadt Leipzig, Stadtzentrum, M. 1 : 5000. – Herausgeg. vom Zentr. Geol. Inst. Berlin, 1962.
– Die Ingenieurgeologische Detailkarte der Stadt Leipzig, ein Beitrag zur Methodik der ingenieurgeologischen Kartierung. – Z. angew. Geol. 9, 8, 421–423, Berlin 1963.
HÄNICHEN, H. & R. POHLENZ: Ingenieurgeologische Kartierungen bei Talsperrengründungen in Felsgesteinen. – Z. angew. Geol., 7, 11, 582–587, Berlin 1961.
HAUSER, L.: Baugeologische Karte von Steiermark, Blatt 1–4. – Lehrkanzel für technische Geologie der TH Graz.
HOHL, R.: Beitrag zur Methodik ingenieurgeologischer Karten. – Z. angew. Geol., 6, 6, 272–277, Berlin 1960.
IHRIG, D.: Gegenwärtiger Stand und Methodik der ingenieurgeologischen Kartierung in Ungarn. – Z. angew. Geol., 7, 3, 134–135, Berlin 1961.
KÖHLER, R. & A. THOMAS: Vorläufer moderner Baugrundkarten. – Z. angew. Geol., 6, 2, 81–84, Berlin 1960.
KNOTH, M. & H. KAMMHOLZ: Ingenieurgeologische Situationskarte im Maßstab 1 : 50000 für den Kreis Bernburg. – Z. angew. Geol., 7, 4, 191–197, Berlin 1961.
KOLOMENSKI, N. W.: Die Methodik der ingenieurgeologischen Kartierung in der UdSSR. – Z. angew. Geol., 7, 3, 122–124, Berlin 1961.
LAZAR, F.: Methodik der ingenieurgeologischen Aufnahmen und die Anfertigung ingenieurgeologischer Karten für verschiedene Bautypen. – Z. angew. Geol., 7, 3, 131–133, Berlin 1961.
MALINOWSKI, J.: Ingenieurgeologische Karten Polens für das Bauwesen. – Z. angew. Geol. 7, 3, 124–129, Berlin 1961.
PAŠEK, J. & I. RYBÁŘ: Die Darstellung ingenieurgeologischer Verhältnisse in der Karte 1 : 25000. – Z. angew. Geol., 7, 3, 136–139, Berlin 1961.
PROKOP, F.: Bericht über den Stand der ingenieurgeologischen Kartierung in der ČSSR. – Z. angew. Geol., 7, 3, 130–131, Berlin 1961.
REUTER, F.: Die ingenieurgeologische Kartierung in den Ländern des Rates für gegenseitige Wirtschaftshilfe. – Z. angew. Geol., 7, 3, 114–115, Berlin 1961.
REUTER, F. & A. THOMAS: Die ingenieurgeologische Kartierung in Deutschland. – Z. angew. Geol., 7, 3, 116–122, Berlin 1961.
– Kartowanie geologiczno-inżynierskie w Niemczech. – Przeglad Geologiczny, 10/1961, 545–548, Warszawa 1961.
RÖBLING, I. & G. TAMM: Die Ingenieurgeologische Karte der Stadt Berlin, Stadtbezirk Mitte, M. 1 : 4000. – Z. angew. Geol., 7, 4, 198–201, Berlin 1961.
ŠIMEK, R.: Nova inženýrsko – geologická mapa v měřitku 1 : 5000. – Geologický průzkum, 7/1962, 211–214, Praha 1962 (Neue Ingenieurgeologische Karte i. M. 1 : 5000).
THOMAS, A.: Die Terminologie in der ingenieurgeologischen Kartierung. – Z. angew. Geol., 8, 9, 488–491, Berlin 1962.
WAMSER, W.: Ingenieurgeologische Untersuchungen im Bereich der Stadt Karl-Marx-Stadt. – Karl-Marx-Stadt 1961.
WIEFEL, J.: Ingenieurgeologische Detailkarte der Stadt Ilmenau, M. 1 : 5000. – Herausgeg. vom Zentr. Geol. Inst., Berlin 1962.
Autorenkollektiv: Methodik der ingenieurgeologischen Kartierung und der Aufstellung ingenieurgeologischer Karten. – Z. angew. Geol., 7, 3, 142–148, Berlin 1961.

BACHMANN

Kurznachrichten

Die **Erdgasförderung** der **UdSSR** belief sich **1962** auf 75,2 Mrd. m³ und war um 24 % höher als im Vorjahr. Davon verbrauchte die Industrie 51,3 %, die Energieerzeugung 32,8 %.

Die **Erdölproduktion Österreichs** überstieg **1962** die Vorjahrsproduktion um 38000 t und erreichte 2,4 Mill. t. Die Erdgasproduktion stieg von 1556 Mrd. m³ auf 1634 Mrd. m³. Der Verbrauch von Erdölprodukten überstieg die Produktion erheblich und erreichte 3,76 Mill. t.

Im Nordosten der **Niederlande** wurde bei Schildmeer ein weiteres **Erdgasvorkommen** erbohrt, das fünfte nach den vier Vorkommen von Delfzijl, Slochteren, Nordbrock und Annerveensekanaal.

In der **SFR Jugoslawien** wurden bei Ivanicgrad (Kroatien) zwei Bohrungen in nur 20 bzw. 54 m Teufe erdölfündig und brachten eine Anfangsförderung von 65 bzw. 162 t/Tag. Kroatien lieferte 1962 mit 1,1 Mill. t etwa 80 % der jugoslawischen **Erdölproduktion.**

Griechenland wird in den Jahren 1963 und 1964 je 4500000 t **Rohöl** aus der Sowjetunion erhalten.

Die **Erdölförderung** des **Nahen Ostens** ist **1962** bei einer Steigerung um 9,9 % gegenüber dem Vorjahr auf 310490000 t angestiegen und liefert damit etwa ein Viertel der Weltförderung, während sie den Weltverbrauch von 1939 übersteigt.

Als erster Erfolg der langjährigen **Erdgassuche in Pakistan** wurde in Ostpakistan ein ergiebiges Erdgasfeld entdeckt, das voraussichtlich durch eine 80 km lange Pipeline mit der Stadt Dacca verbunden werden wird.

Die **Rohölproduktion Argentiniens** erreichte **1962** 15,52 Mill. m³ gegenüber 13,42 Mill. m³ im Vorjahr und nähert sich damit der Deckung des argentinischen Bedarfs von 16,73 Mill. m³.

Im **Gebiet der südbrasilianischen Ölschiefer** wurde bei São Matéus do Sul (Paraná) ein weiteres Vorkommen entdeckt, dessen Ölvorräte auf 90 Mill. t geschätzt werden.

Die **Steinkohlenförderung** der **Welt** (ohne VR China) ist von 1961 auf **1962** von 1,56 Mrd. t auf 1,60 Mrd. t gestiegen, woran die UdSSR mit 389, die USA mit 393, Großbritannien mit 200,6 und die Montanunion mit 227 Mill. t beteiligt waren.

Bei Krasnojarsk in **Sibirien** wurde ein reiches **Kupfererzvorkommen** mit hohem Kupfergehalt entdeckt, mit dessen Ausbeutung demnächst begonnen werden soll und das für die UdSSR Kupferimporte entbehrlich machen wird.

Die Gewinnung von **Kupfererz** aus den Lagerstätten im Gebiet **Legnica–Lubin** (VR Polen) hat nach Abteufen eines Schachtes nach dem Gefrierverfahren mit der Förderung der ersten Tonnen Erz mit dem hohen Kupfergehalt von 2,4 % begonnen. Die volle Ausbeutung kann erst in etwa 3 Jahren einsetzen.

Marokko produzierte **1962 Phosphate** in Höhe von 8 Mill. t, was ein Viertel der Weltproduktion ausmacht, und strebt bis 1965 eine Steigerung auf 11 Mill. t an. Zwei neue Verarbeitungswerke sind geplant.

In Tatabanya im Westen der **VR Ungarn** wurde ein Kalkwerk mit einer geplanten Jahresproduktion von 72000 t **Kalk** fertiggestellt und in Betrieb genommen.

Bolivien weist eine steigende **Goldproduktion** auf. Diese stieg von 2221 kg (1961) auf 2846 kg Feingold 1962, wovon 1536 kg durch Kleinminen, 1305 kg durch die US-Firma South American Placers Corp. produziert wurden.

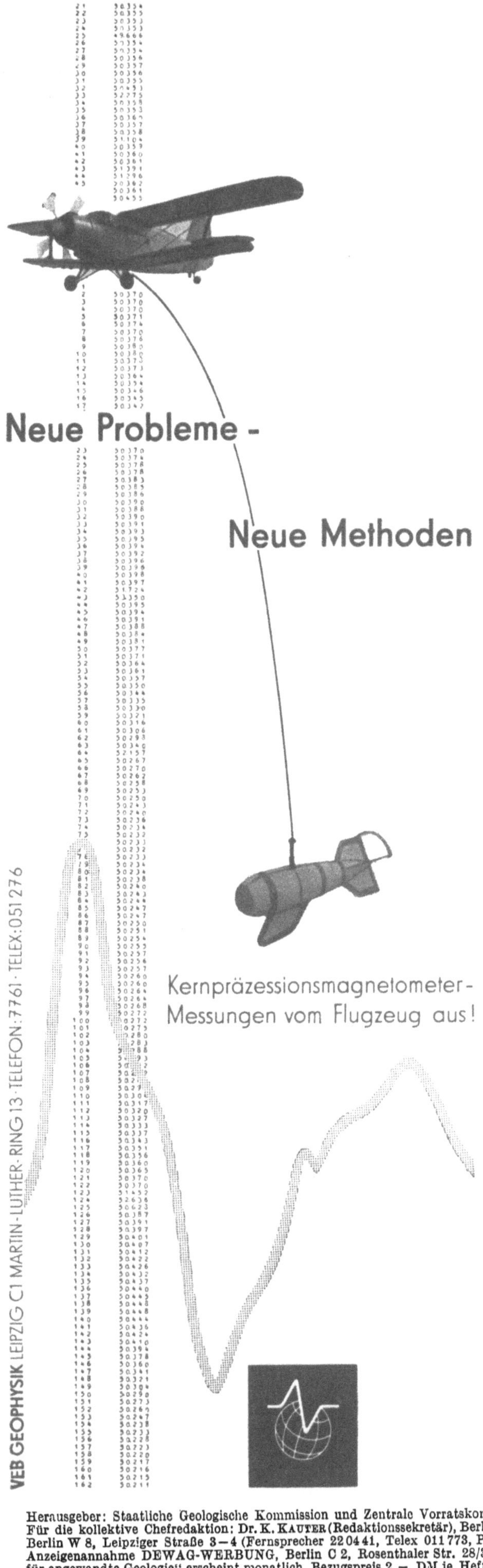

Herausgeber: Staatliche Geologische Kommission und Zentrale Vorratskommission für mineralische Rohstoffe der Deutschen Demokratischen Republik. Für die kollektive Chefredaktion: Dr. K. KAUTER (Redaktionssekretär), Berlin. Redaktion: Berlin N 4, Invalidenstraße 44. Verlag: Akademie-Verlag GmbH, Berlin W 8, Leipziger Straße 3—4 (Fernsprecher 22 04 41, Telex 011 773, Postscheckkonto: Berlin 350 21). Bestellnummer des Heftes 1047/9/10. Alleinige Anzeigenannahme DEWAG-WERBUNG, Berlin C 2, Rosenthaler Str. 28/31 und alle DEWAG-Betriebe in den Bezirksstädten der DDR. Die „Zeitschrift für angewandte Geologie" erscheint monatlich. Bezugspreis 2,— DM je Heft. — Satz und Druck: Druckhaus „Maxim Gorki", Altenburg. Veröffentlicht unter der Lizenznummer 1279 des Presseamtes beim Vorsitzenden des Ministerrates der Deutschen Demokratischen Republk. Karten: MdI der DDR, Nr. 350, 802, 870

ROW Rathenow

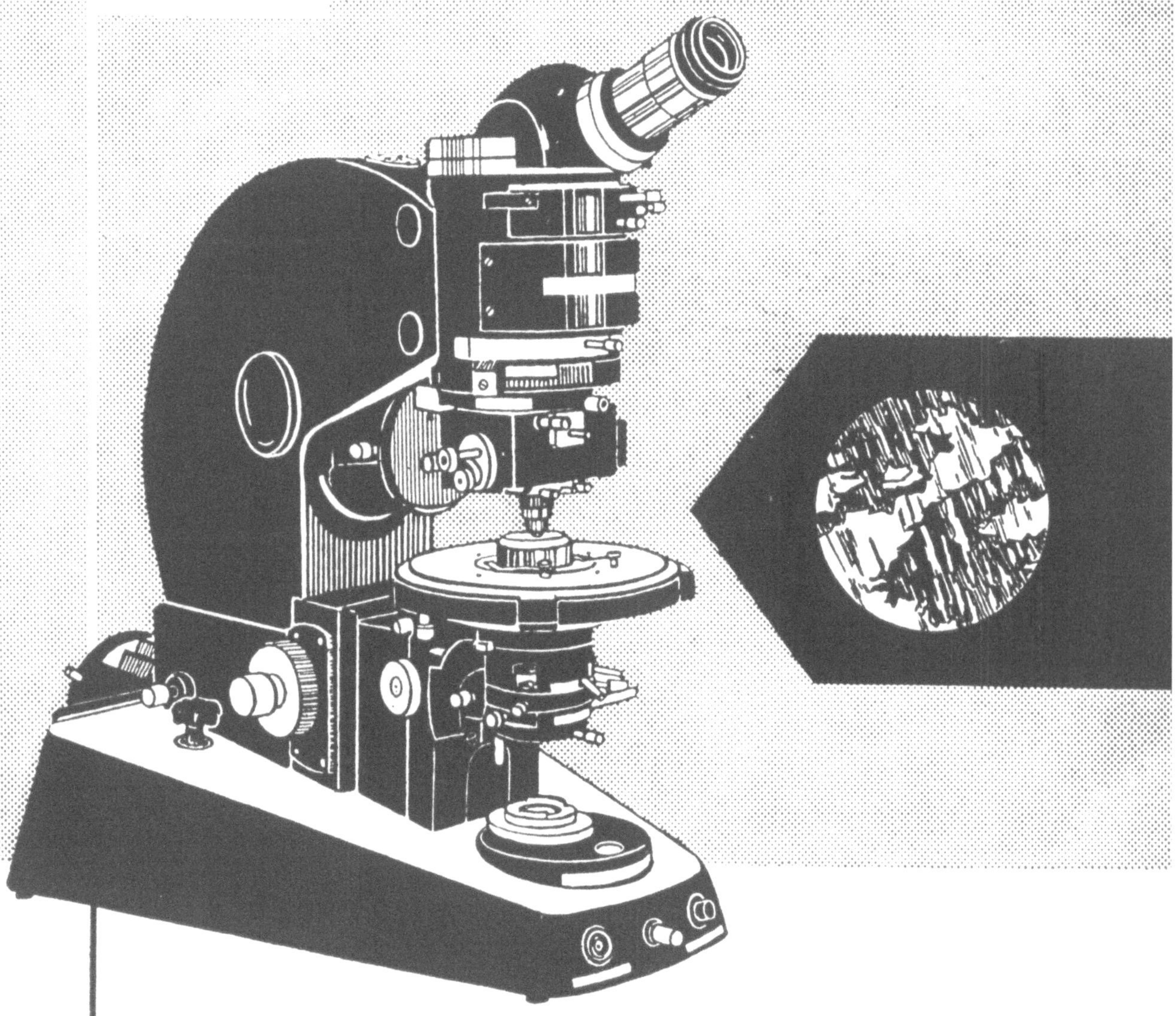

FSC
www.fsc.org
MIX
Papier | Fördert gute Waldnutzung
FSC® C083411

Kolibri 360 GmbH
Ferdinand-Jühlke-Straße 7
99095 Erfurt, Deutschland
produktsicherheit@kolibri360.de